二十四节气里的喜诗词

喜文化丛书编委会 编

南方日报出版社
NANFANG DAILY PRESS
中国·广州

图书在版编目（CIP）数据

二十四节气里的喜诗词 / 喜文化丛书编委会编. — 广州 : 南方日报出版社, 2025.1

ISBN 978-7-5491-2662-0

Ⅰ. ①二… Ⅱ. ①喜… Ⅲ. ①历书－中国－2023 Ⅳ. ①P195.2

中国国家版本馆CIP数据核字(2022)第254716号

ERSHISI JIEQI LI DE XI SHICI

二十四节气里的喜诗词

编　　者：喜文化丛书编委会
出 版 人：周山丹
出版统筹：阮清钰
责任编辑：蔡　芹
装帧设计：肖晓文
责任校对：阮昌汉
责任技编：王　兰
出版发行：南方日报出版社
地　　址：广州市广州大道中 289 号
经　　销：全国新华书店
印　　刷：广东信源文化科技有限公司
成品尺寸：150㎜×250㎜
印　　张：19
字　　数：200 千字
版　　次：2025 年 1 月第 1 版
印　　次：2025 年 1 月第 1 次印刷
定　　价：128.00 元

投稿热线：（020）87360640　读者热线：（020）87363865
发现印装质量问题，影响阅读，请与承印厂联系调换。

前言

日日是好日　节节皆喜气

五年前，我们编写了《喜·诗词》一书，迈出了在“喜”文化领域探索的第一步。我们认为，“喜”文化是一个跨领域的文化范畴，与其他领域嫁接可以产生不一样的火花。作为进一步的探索，本书将“喜”诗词继续延展，并与中国传统文化中的二十四节气结合，碰撞出属于“二十四节气里的喜诗词”。

古人将太阳周年运动轨迹划分为24等份，每一等份为一个节气，统称“二十四节气”。人们依据节气安排传统农事日程，举办节令仪式和民俗活动，安排家庭和个人的衣食住行。二十四节气作为古代农耕社会对自然规律的总结，不仅是农业生产的指导，更是人们生活、节庆和习俗的重要组成部分。它影响着人们的思维方式和行为准则，是中华民族文化认同的重要载体。

中国人讲究“顺应天时”，“适时而动”，在什么时间就做相应的事情。二十四节气为漫长的一年锚定了间隔恰好的时间段，年复一年的演绎又将这些典型活动固定下来，这无疑为文人骚客们提供了绝佳的吟咏题材。春回大地、秋收万物，亭台避暑、围炉取暖，久旱逢霖、雨过天晴，踏青会友、独坐赏月……凡此种种，皆是让人心生欢喜的美妙时刻。

我们将这些与节气相关的美妙时刻进行归类，每个节气分四类，皆是应时应景的节庆民俗或传统活动。正所谓，年年岁岁花相似，岁岁年年人不同。在这些相似的场景下，各种各样的喜乐瞬间被定格下来，形成五彩斑斓的画卷。因为有了这循环往复的节气，我们得以穿越千百年的时光，与古人的情感产生共鸣，取得心灵上的欢愉与慰藉。倘若读者能在二十四节气中“依时而喜”，“时时有喜”，那便是我们最大的快乐了。

目录

立春 ● 001

迎新春 ◇ 004
鞭春牛 ◇ 007
咬春饼 ◇ 008
戴彩胜 ◇ 010

雨水 ● 013

喜时雨 ◇ 016
闹春耕 ◇ 019
赏花灯 ◇ 020
占稻色 ◇ 022

惊蛰 ● 025

万物苏 ◇ 028
纵春游 ◇ 030
食鲜笋 ◇ 033
燕归来 ◇ 034

春分 ● 037

看花时 ◇ 041
簪花钿 ◇ 043
放风筝 ◇ 044
春社欢 ◇ 046

清明 ● 049

踏青行 ◇ 053
荡秋千 ◇ 054
玩蹴鞠 ◇ 056
观斗鸡 ◇ 059

谷雨 ● 061

赏牡丹 ◇ 065
浴蚕忙 ◇ 066
谷雨茶 ◇ 068
走谷雨 ◇ 070

立夏 ● 073

迎新夏 ◇ 076
得闲适 ◇ 079
喜晴光 ◇ 080
尝三鲜 ◇ 082

小满 ● 085

祈蚕节 ◇ 089
食苦菜 ◇ 091
乐清和 ◇ 093
枇杷熟 ◇ 094

芒种 ● 097

插秧忙 ◇ 100
寄闲情 ◇ 102
梅麦黄 ◇ 105
观竞渡 ◇ 106

夏至 ● 109

雨消暑 ◇ 112
乘夜凉 ◇ 115
荔枝丹 ◇ 116
榴花燃 ◇ 118

小暑 ● 121

避暑气 ◇ 124
吃雪藕 ◇ 127
食新米 ◇ 128
簪茉莉 ◇ 130

大暑 ● 133

歇伏热 ◇ 136
骋怀游 ◇ 139
饮酌欢 ◇ 140
食瓜乐 ◇ 142

立秋 ● 145

纳新凉 ◇ 148
啃秋瓜 ◇ 151
赛秋社 ◇ 152
迎乞巧 ◇ 155

处暑 ● 157

采莲子 ◇ 160
禾稻香 ◇ 162
秋光美 ◇ 164
清秋游 ◇ 166

白露 ● 169

秋果熟 ◇ 173
斟佳酿 ◇ 174
饮露茶 ◇ 176
斗蟋蟀 ◇ 178

秋分 ● 181

赏月华 ◇ 184
庆团圆 ◇ 187
吃秋菜 ◇ 188
飞秋鸢 ◇ 190

寒露 ● 193

秋钓乐 ◇ 196
品花糕 ◇ 198
赏红叶 ◇ 200
秋蟹肥 ◇ 202

霜降 ● 205

庆丰穰 ◇ 209
柿橘香 ◇ 210
就菊花 ◇ 212
登高处 ◇ 215

立冬 ● 217

迎建冬 ◇ 220
幽兴长 ◇ 222
酿冬酒 ◇ 225
进食补 ◇ 226

小雪 ● 229

降瑞雪 ◇ 232
喜晴天 ◇ 234
会良朋 ◇ 237
泡温汤 ◇ 238

大雪 ● 241

赏飞雪 ◇ 244
负冬日 ◇ 246
拥炉坐 ◇ 248
读诗书 ◇ 250

冬至 ● 253

一阳生 ◇ 257
兆丰雪 ◇ 258
饮烧酒 ◇ 260
吃馄饨 ◇ 262

小寒 ● 265

探梅讯 ◇ 268
塑雪人 ◇ 270
作冰戏 ◇ 272
腊八粥 ◇ 274

大寒 ● 277

祭灶神 ◇ 280
糊窗花 ◇ 282
逛花市 ◇ 284
守岁欢 ◇ 286

集字絮语 ● 288

初候　东风解冻。

二候　蛰虫始振。

三候　鱼陟负冰。

立春

清　丁观鹏　太平春市图

迎新春

随着立春的到来，律回岁转，人们通过各种喜庆习俗庆祝春回大地。『迎春』是把春天和民间神话中的春神、主宰着生命生长的『句芒』神接回来。

元日

宋 王安石

爆竹声中一岁除，春风送暖入屠苏。
千门万户曈曈日，总把新桃换旧符。

己酉新正

宋 叶颙

天地风霜尽，乾坤气象和。
历添新岁月，春满旧山河。
梅柳芳容徲，松篁老态多。
屠苏成醉饮，欢笑白云窝。

立春

宋 白玉蟾

东风吹散梅梢雪，一夜挽回天下春。
从此阳春应有脚，百花富贵草精神。

立春日禊亭偶成

宋 张栻

律回岁晚冰霜少，春到人间草木知。
便觉眼前生意满，东风吹水绿参差。

迎春

清 叶燮

律转鸿钧佳气同，肩摩毂击乐融融。
不须迎向东郊去，春在千门万户中。

立春

唐 冷朝阳

玉律传佳节，青阳应此辰。
土牛呈岁稔，彩燕表年春。
腊尽星回次，寒馀月建寅。
风光行处好，云物望中新。
流水初销冻，潜鱼欲振鳞。
梅花将柳色，偏思越乡人。

减字木兰花·己卯儋耳春词

宋 苏轼

春牛春杖，无限春风来海上。
便丐春工，染得桃红似肉红。
春幡春胜，一阵春风吹酒醒。
不似天涯，卷起杨花似雪花。

鞭春牛

『鞭春』俗称『打春牛』，旧时立春习俗，主要是将泥塑或纸糊的春牛以五色『春杖』（即鞭子）击碎，寓意让春牛勤于耕种，换来丰收。土牛打碎后，围观者一拥而上，争抢碎土，敬请回家中，放入猪圈，以祈求一年物阜人兴，畜旺收丰。

立春

宋 王镃

泥牛鞭散六街尘，生菜挑来叶叶春。
从此雪消风自软，梅花合让柳条新。

立春二首·其一

宋 廖行之

晓雪才过天气清，喧阗钲鼓喜迎春。
世间多少虚名事，彩仗驱牛又一新。

清江引·立春

元 贯云石

金钗影摇春燕斜，木杪生春叶。
水塘春始波，火候春初热。
土牛儿载将春到也。

咬春饼

咬春之俗历史久远，汉代就有『立春日食生菜』的记载。立春日，全国各地还有食生萝卜或将多种生菜、果品、饼、糖等堆放在盘中食用的习俗，谓之『咬春』。咬春，即是要把春色咬住，不让它悄悄溜走，放这些食品的盘叫『春盘』，盘中的薄饼叫『春饼』。

立春

宋　黄庭坚

韭苗香煮饼，野老不知春。
看镜道如咫，倚楼梅照人。

立春二首·其一

宋　刘克庄

丝切登盘菜，花垂插鬓幡。
老人总无分，回施与诸孙。

立春二首·其一

宋　强至

菜丝生叶落雕盘，欲去春衣怯晓寒。
惟有多情双彩燕，不须风暖舞钗端。

戴彩胜

彩胜又称『春胜』『幡胜』，是旧时民间更为普遍的迎春形式。主要用绢、纸、布制成青色小旗，在立春日戴头上，以示迎春。后来增加了鸡、燕、蝴蝶、花朵等造型，颜色也由单一的青色变为五颜六色。除了春胜这种戴在头上的饰物外，立春日还有贴在门上的迎春饰物，叫『宜春帖』。

人日代客子是日立春

唐 张继（一作陆龟蒙）

人日兼春日，长怀复短怀。
遥知双彩胜，并在一金钗。

好事近·席上和王道夫赋元夕立春

宋 辛弃疾

彩胜斗华灯，平把东风吹却。
唤取雪中明月，伴使君行乐。

红旗铁马响春冰，老去此情薄。
惟有前村梅在，倩一枝随着。

初候　獭祭鱼。

二候　候雁北。

三候　草木萌动。

雨水

元　高克恭　欲雨欲晴图

喜时雨

雨水时节，气温回升、冰雪融化、降水增多，旧时有『拜雨仙』『祭雨神』的习俗。『好雨知时节，当春乃发生』，在古代诗人笔下，也有很多喜雨的诗词传世。

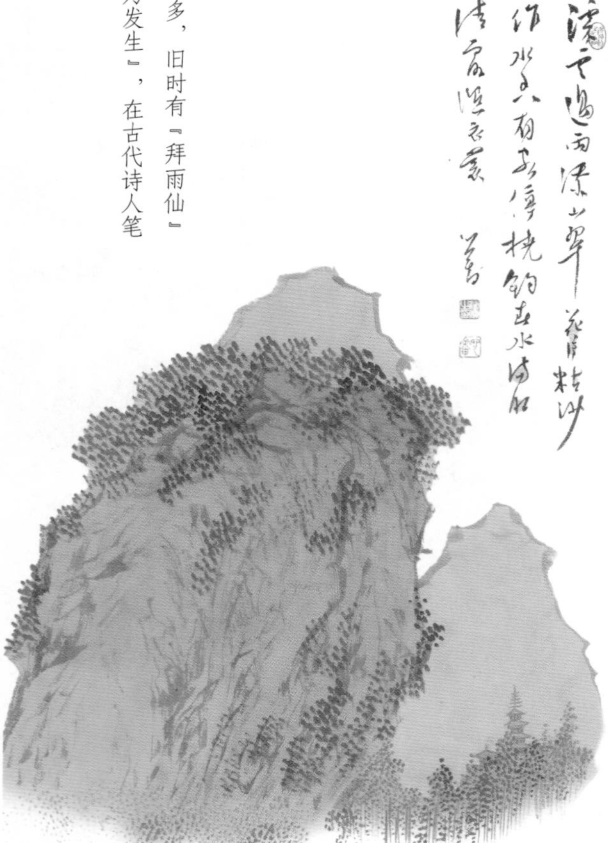

春夜喜雨

唐 杜甫

好雨知时节，当春乃发生。
随风潜入夜，润物细无声。
野径云俱黑，江船火独明。
晓看红湿处，花重锦官城。

早春

唐 韩愈

天街小雨润如酥，草色遥看近却无。
最是一年春好处，绝胜烟柳满皇都。

咏廿四气诗·雨水

唐 元稹

雨水洗春容，平田已见龙。
祭鱼盈浦屿，归雁过山峰。
云色轻还重，风光淡又浓。
向春入二月，花色影重重。

喜春雨有寄

唐 李中

青春终日雨，公子莫思晴。
任阻西园会，且观南亩耕。
最怜滋垄麦，不恨湿林莺。
父老应相贺，丰年兆已成。

新春喜雨

宋 徐玑

农家不厌一冬晴，岁事春来渐有形。
昨夜新雷催好雨，蔬畦麦垄最先青。

闹春耕

雨水至，春耕忙。雨水节气标示着降雨开始，雨量渐增，适宜的降水对农作物的生长很重要，农民忙着翻田，将杂草等深埋地下，经雨水一泡，正是农作物最好的有机肥。

时雨

宋 张侃

旬日风消雨，今朝山出云。
柳深开润色，荷靓匝清芬。
江燕新调语，沙鸥自引群。
农人相贺语，田亩可耕耘。

春雨

明 叶颙

云罩千山暗，恩沾万物春。
溶溶添细浪，点点湿芳尘。
红洗花容净，青滋柳色新。
东郊农事动，渐快一犁人。

赏花灯

赏灯是古老的中国民俗文化，一般在元宵节举办活动。早在南朝，南京城内就举办过元宵灯会，后来从深宫禁苑、宗教场所走向民间大众，张灯结彩以祈求风调雨顺、家庭美满和天下太平，『灯火满市井』的场景颇为壮观。

正月十五夜

唐　苏味道

火树银花合，星桥铁锁开。
暗尘随马去，明月逐人来。
游伎皆秾李，行歌尽落梅。
金吾不禁夜，玉漏莫相催。

十五夜观灯

唐　卢照邻

锦里开芳宴，兰缸艳早年。
缛彩遥分地，繁光远缀天。
接汉疑星落，依楼似月悬。
别有千金笑，来映九枝前。

上元夜六首·其一

唐 崔液

玉漏银壶且莫催，铁关金锁彻明开。

谁家见月能闲坐？何处闻灯不看来？

青玉案·元夕

宋 辛弃疾

东风夜放花千树，更吹落、星如雨。

宝马雕车香满路，凤箫声动，玉壶光转，一夜鱼龙舞。

蛾儿雪柳黄金缕，笑语盈盈暗香去。

众里寻他千百度，蓦然回首，那人却在，灯火阑珊处。

元宵

明 唐寅

有灯无月不娱人，有月无灯不算春。

春到人间人似玉，灯烧月下月如银。

满街珠翠游村女，沸地笙歌赛社神。

不展芳尊开口笑，如何消得此良辰。

占稻色

占稻色的习俗通常在雨水节气前后进行，起源于宋代，就是通过爆炒糯谷米花，来占卜是年稻获的丰歉，如果米花多且色白，就是丰收的吉兆。

米花

元 盛彧

吴下孛娄传旧俗，人间儿女卜清时。
釜香云阵冲花瓣，火烈春声绕竹枝。
翻笑绝粮惊雨粟，还疑煮豆泣然萁。
一年休咎何须问，且醉樽前金屈卮。

爆孛娄

明 李诩

东入吴城十万家，家家爆谷卜年华。
就锅抛下黄金粟，转手翻成白玉花。
红粉佳人占喜事，白头老叟问生涯。
晓来装饰诸儿女，数点梅花插鬓斜。

初候　桃始华。

二候　仓庚鸣。

三候　鹰化为鸠。

驚蟄

清　冯宁　四时山水册　春景

万物苏

惊蛰意为『蛰伏之物惊醒』。春雷开始响起，气温逐渐升高，万物开始复苏。

月夜

唐 刘方平

更深月色半人家，北斗阑干南斗斜。
今夜偏知春气暖，虫声新透绿窗纱。

游玉泉·其一

宋 朱翌

坡陀石上大绅垂，踞石跏趺世虑微。
奉引有春扶屐去，送归生月带星稀。
一时花木助欢笑，四顾风云入指挥。
是日乃书惊蛰节，鸣蛙已傍小池归。

西江月·春雷

清 陆求可

半夜雷车惊蛰，初春雨脚穿江。
梅花应已满山香。急驾兰桡画桨。

一带青山如沐，半湾绿水停航。
白云渺渺雪茫茫。明月天连纸帐。

纵春游

惊蛰节气，雨水仍多，一旦放晴，就有游春赏花之举。

绝句

宋　僧志南

古木阴中系短篷，杖藜扶我过桥东。
沾衣欲湿杏花雨，吹面不寒杨柳风。

春游即事

清　毛奇龄

江郭看新柳，山亭数落梅。
鸣蛙当晚日，惊蛰动春雷。
野气蒸车幔，乡心入酒杯。
津桥临眺远，灯火莫相催。

食笋

宋 曾几

花事阑珊竹事初，　一番风味殿春蔬。
龙蛇戢戢风雷后，　虎豹斑斑雾雨余。
但使此君常有子，　不忧每食叹无鱼。
丁宁下番须留取，　障日遮风却要渠。

赠戴竹堂

明　陈鎏

琅玕万个绕堂前，开卷悠然胜辋川。
金影碎笼檐外月，玉声清和石间泉。
翠禽啼处烟如锦，紫箨裁来雪尚鲜。
霹雳一声惊蛰起，龙孙高插碧云边。

食鲜笋

惊蛰到，春雷响，春笋出。惊蛰时节，春笋破土而出，是大自然赐予我们的美味佳肴。春笋气味清香、质地鲜嫩、口感脆爽，既有蔬菜的清香，又有肉肉的口感，曾有诗云『尝鲜莫过于春笋，三月不知肉味』，民间也有言：不食春笋，不知春之味。

燕归来

春风又绿江南岸，惊蛰醒来万物生。燕归来，穿梭于久违的故土，掠过青瓦，掠过旧时光。燕归来，春意浓。

绝句二首

唐 杜甫

迟日江山丽，春风花草香。
泥融飞燕子，沙暖睡鸳鸯。

寄叔宜弟

宋 彭汝砺

春风随意自东西，可爱初春燕子飞。
池外墙头花好在，会应留著待君归。

斋坐喜燕至

明 姚弘谟

斋阁萧闲坐，回翔海燕轻。
衔泥寻旧迹，挟子试新声。
并剪深花入，双栖晓梦清。
紫宫幽密处，得意岂无情。

初候　玄鸟至。

二候　雷乃发声。

三候　始电。

清　董诰　开韶集胜册　春社延宾

仲春郊外

唐 王勃

东园垂柳径，西堰落花津。
物色连三月，风光绝四邻。
鸟飞村觉曙，鱼戏水知春。
初晴山院里，何处染嚣尘。

春日偶成

宋 程颢

云淡风轻近午天，傍花随柳过前川。
时人不识余心乐，将谓偷闲学少年。

春日

宋 朱熹

胜日寻芳泗水滨，无边光景一时新。
等闲识得东风面，万紫千红总是春。

寄户部杨友直

元 王懋德

柳绕柴扉水绕村，黄鹂初转已春分。
东风吹散梨花雨，醉卧青山看白云。

看花时

春光不负赏花人。这是一年中最柔美的时光，花开正好，人间值得，踏青寻芳，笑语盈盈。

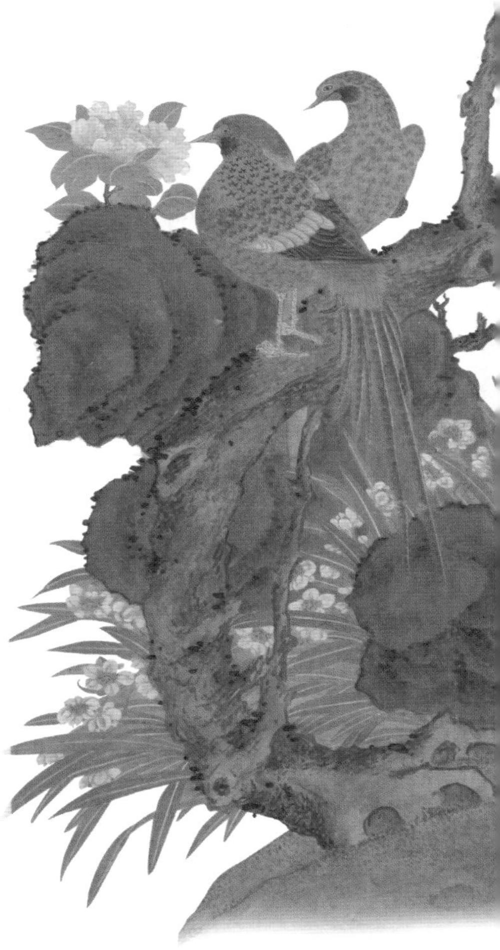

芳树

唐 符子珪

芳树宜三月，曈曈艳绮年。
香交珠箔气，阴占绿庭烟。
小叶风吹长，繁花露濯鲜。
遂令秾李儿，折取簪花钿。

吉祥寺赏牡丹

宋 苏轼

人老簪花不自羞，花应羞上老人头。
醉归扶路人应笑，十里珠帘半上钩。

簪花

明 周用

老去风流敢自夸，开筵对客许簪花。
百年回首仍春色，三月于人且物华。
乘兴不须憎白发，闻歌犹复恋乌纱。
花前莫笑山翁醉，剩有青钱付酒家。

簪花钿

簪花是中国古代人头饰的一种，习俗在我国已有两三千年的历史。主要用作首饰戴在妇人头上，男子簪花，是宋时风雅。古时喜庆之日，朝廷百官巾帽上都簪花。沈从文《中国古代服饰研究》说，『宋代遇喜庆大典、佳节良辰、帝王出行，公卿百官骑从卫士无不簪花，帝王本人亦不例外。』

放风筝

春分习俗中，放风筝是重要的一项活动。放风筝可以让人感受到大自然的美好，也可以释放自己的心情。在春分这一天，人们可以放下繁忙的生活，去放风筝，享受阳光和空气。放风筝不仅可以放松身心，还可以感受到大自然的魅力。因此，放风筝成了春分习俗中不可或缺的一部分。

村居

清 高鼎

草长莺飞二月天，拂堤杨柳醉春烟。
儿童放学归来早，忙趁东风放纸鸢。

怀潍县

清 郑板桥

纸花如雪满天飞，娇女秋千打四围。
五色罗裙风摆动，好将蝴蝶斗春归。

春社欢

春社是古时春天祭祀土地神的活动，周代为甲日，后多在立春后第五日即戊日举行。汉以前只有春社，汉以后有春、秋两社，约在春分、秋分前后举行。北宋词人晏殊《破阵子》词中有句『燕子来时新社，梨花落后清明』，即可证春社的大致时间。社日活动以祭土地神为主，又可分为官社和民社。官社庄重肃穆，礼仪繁缛；而民社则充满生活气息，成为邻里娱乐聚会的日子，同时有各种娱乐活动，有敲社鼓、食社饭、饮社酒、观社戏等诸多习俗。到魏晋隋唐后，春社又增加卜禾稼、种社瓜、祈降雨、饮宴等内容，甚为风行。春社除了祭祀土地神以求丰年，还有指导农事、娱乐睦族、宣政教化等作用。

社日

唐 王驾

鹅湖山下稻粱肥，豚栅鸡栖半掩扉。
桑柘影斜春社散，家家扶得醉人归。

游山西村

宋 陆游

莫笑农家腊酒浑，丰年留客足鸡豚。
山重水复疑无路，柳暗花明又一村。
箫鼓追随春社近，衣冠简朴古风存。
从今若许闲乘月，拄杖无时夜叩门。

初候　桐始华。

二候　田鼠化为鴽。

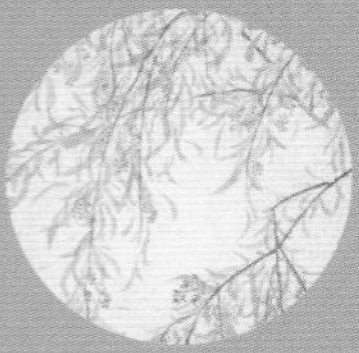

三候　虹始见。

清明

元　赵孟頫　春山闲眺卷

喜迁莺·清明节

唐 薛昭蕴

清明节，雨晴天，得意正当年。
马骄泥软锦连乾，香袖半笼鞭。
花色融，人竞赏，尽是绣鞍朱鞅。
日斜无计更留连，归路草和烟。

郊行即事

宋 程颢

芳原绿野恣行事，春入遥山碧四周。
兴逐乱红穿柳巷，固因流水坐苔矶。
莫辞盏酒十分醉，只恐风花一片飞。
况是清明好天气，不妨游衍莫忘归。

踏青行

清明时节，若是天气合适，古人会到郊外踏青。迎着阳光，踏着青草，呼吸着泥土的芳香，感受着大自然的生机与活力。

采桑子·清明上巳西湖好

宋 欧阳修

清明上巳西湖好，满目繁华。
争道谁家。绿柳朱轮走钿车。
游人日暮相将去，醒醉喧哗。
路转堤斜。直到城头总是花。

苏堤清明即事

宋 吴惟信

梨花风起正清明，游子寻春半出城。
日暮笙歌收拾去，万株杨柳属流莺。

清江引·清明日出游

明 王磐

问西楼禁烟何处好？绿野晴天道。
马穿杨柳嘶，人倚秋千笑，
探莺花总教春醉倒。

荡秋千

荡秋千是我国古代清明节习俗。古时多用树桠枝为架，再拴上彩带做成，后来逐步发展为用两根绳索加上踏板的秋千。不仅可以增进健康，而且可以培养勇敢精神，至今为人们特别是儿童所喜爱。

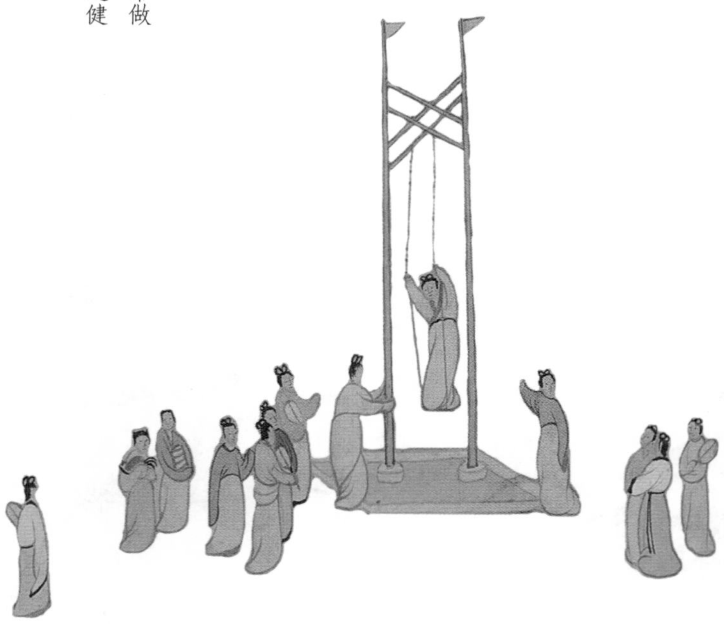

点绛唇·蹴罢秋千

宋　李清照

蹴罢秋千，起来慵整纤纤手。
露浓花瘦，薄汗轻衣透。

见客入来，袜刬金钗溜。
和羞走，倚门回首，却把青梅嗅。

如梦令·秋千争闹粉墙

宋　吴文英

秋千争闹粉墙。闲看燕紫莺黄。
啼到绿阴处，唤回浪子闲忙。
春光。春光。正是拾翠寻芳。

秋千

明　李开先

索垂画板横，女伴斗轻盈。
双双秦弄玉，个个许飞琼。
俯视花梢下，高腾树杪平。
出游偶见此，始记是清明。

玩蹴鞠

清明节习俗中的蹴鞠是一项流行的春季娱乐活动，起源于唐代，也被视为现代足球的起源。人们通过踢蹴鞠来祈求祖先和神灵的庇佑。蹴鞠活动热闹非凡，人们可以尽情享受户外的自然氛围，感受到节日的喜庆氛围。这项活动不仅传承了中国的文化，也有助于人们身心健康和娱乐休闲。

同乐天和微之深春·其四

唐 刘禹锡

何处深春好？春深大镇家。
前旌光照日，后骑蹙成花。
节院收衙队，球场簇看车。
广筵歌舞散，书号夕阳斜。

寒食后北楼作

唐 韦应物

园林过新节，风花乱高阁。
遥闻击鼓声，蹴鞠军中乐。

蹴鞠

明 钱福

蹴鞠当场二月天，仙风吹下两婵娟。
汗沾粉面花含露，尘扑蛾眉柳带烟。
翠袖低垂笼玉笋，红裙斜曳露金莲。
几回蹴罢娇无力，恨杀长安美少年。

斗鸡篇

南朝梁 萧纲

欢乐良无已，东郊春可游。
百花非一色，新田多异流。
龙尾横津汉，车箱起戍楼。
玉冠初警敌，芥羽忽猜俦。
十日骄既满，九胜势恒遒。
脱使田饶见，堪能说鲁侯。

斗鸡东郊道诗

南朝陈 褚玠

春郊斗鸡侣，捧敌两逢迎。
妒群排袖出，带勇向场惊。
锦毛侵距散，芥羽杂尘生。
还同战胜罢，耿介寄前鸣。

观斗鸡

斗鸡、蹴鞠和荡秋千，是寒食节人们喜爱的活动。据《荆楚岁时记》记载，寒食之时，造大麦粥，人们常以斗鸡、蹴鞠、荡秋千为娱乐。

咏寒食斗鸡应秦王教

唐 杜淹

寒食东郊道，扬鞲竞出笼。
花冠初照日，芥羽正生风。
顾敌知心勇，先鸣觉气雄。
长翘频扫阵，利爪屡通中。
飞毛遍绿野，洒血渍芳丛。
虽然百战胜，会自不论功。

初候　萍始生。

二候　鸣鸠拂其羽。

三候　戴胜降于桑。

穀雨

柳岸春風

近现代　溥儒　柳岸春风图

赏牡丹

唐 刘禹锡

庭前芍药妖无格，池上芙蕖净少情。
唯有牡丹真国色，花开时节动京城。

北第同赏牡丹

宋 韩琦

正是花王谷雨天，此携尊酒一凭轩。
阳台几日徒惊梦，息国经年又不言。
但得留连词客醉，算难回避蜜蜂喧。
自从标锦输先手，羞见妖红作状元。

赏牡丹

民谚云：『谷雨三朝看牡丹』，谷雨前后有赏牡丹的习俗。牡丹还有一个好听的别名：『谷雨花』，这是花卉中唯一一种以节气命名的花。

四时田园杂兴六十首·其二十一

宋 范成大

谷雨如丝复似尘，煮瓶浮蜡正尝新。
牡丹破萼樱桃熟，未许飞花减却春。

映山红慢

宋 元绛

谷雨风前，占淑景、名花独秀。
露国色仙姿，品流第一，春工成就。
罗帏护日金泥皱。映霞腮动檀痕溜。
长记得天上，瑶池阆苑曾有。

千匝绕、红玉阑干，愁只恐、朝云难久。
须款折、绣囊剩戴，细把蜂须频嗅。
佳人再拜抬娇面，敛红巾、捧金杯酒。
献千千寿。愿长恁、天香满袖。

浴蚕忙

浴蚕，指的是古人用盐水选蚕种的农事活动。古人有『谷雨初旬共浴蚕』的诗句。

蝶恋花·春涨一篙添水面

宋 范成大

春涨一篙添水面。
芳草鹅儿，绿满微风岸。
画舫夷犹湾百转。横塘塔近依前远。

江国多寒农事晚。
村北村南，谷雨才耕遍。
秀麦连冈桑叶贱。看看尝面收新茧。

雨过山村

唐 王建

雨里鸡鸣一两家，竹溪村路板桥斜。
妇姑相唤浴蚕去，闲着中庭栀子花。

鸳鸯湖棹歌

清 朱彝尊

屋上鸠鸣谷雨开，横塘游女荡船回。
桃花落后蚕齐浴，竹笋抽时燕便来。

祀蚕神谣

清 王季珠

春风和暖如人意，今春倍享马享利。
姊妹商量拜马享，一提豚肘半瓶浆。
拍手吴娃交歌舞，缫车夜夜甜还苦。
卖丝股股数青蚨，蚨来蚨去神知无。

谷雨茶

谢中上人寄茶

唐 齐己

春山谷雨前，并手摘芳烟。
绿嫩难盈笼，清和易晚天。
且招邻院客，试煮落花泉。
地远劳相寄，无来又隔年。

江南春日

宋 夏竦

江北游人春未回，江南春色傍人来。
茶经谷雨依稀绿，花接清明次第开。
场上斗鸡金作距，槛前妆鉴玉为台。
六朝风物今何在，莫负流年酒百杯。

七言诗

清 郑燮

不风不雨正晴和，翠竹亭亭好节柯。
最爱晚凉佳客至，一壶新茗泡松萝。
几枝新叶萧萧竹，数笔横皴淡淡山。
正好清明连谷雨，一杯香茗坐其间。

阳羡杂咏十九首·茗坡

唐 陆希声

二月山家谷雨天，半坡芳茗露华鲜。
春醒酒病兼消渴，惜取新芽旋摘煎。

见二十弟倡和花字漫兴五首·其一

宋 黄庭坚

落絮游丝三月候，风吹雨洗一城花。
未知东郭清明酒，何似西窗谷雨茶。

谷雨是采茶时节，有『谷雨谷雨，采茶对雨』的民谚。传说谷雨这天的茶喝了会清火、明目等，所以谷雨这天人们都会喝茶，以祈求健康。

走谷雨

古时有『走谷雨』的风俗，谷雨这天登山踏青，赏花游湖，寓意与自然相融合，强身健体。

春游

清 张莒贞

细雨微微燕啄泥，菜花满地蝶参差。
村歌一片前山起，又是收茶谷雨时。

山庄即事

清 吴兰修

白云深处古田家，谷雨新晴课种麻。
我亦芒鞋闲不得，满山开遍碧桐花。

咏廿四气诗·谷雨春光晓

唐 元稹

谷雨春光晓，山川黛色青。
叶间鸣戴胜，泽水长浮萍。
暖屋生蚕蚁，喧风引麦葶。
鸣鸠徒拂羽，信矣不堪听。

闲游四首·其三

宋 陆游

过尽僧家到店家，山形四合路三叉。
清明浆美村村卖，谷雨茶香院院夸。
困卧幽窗身化蝶，醉题素壁字栖鸦。
夕阳不尽青鞋兴，小立风前鬓脚斜。

书斋

宋 仇远

谷雨宜晴花乱开，一壶春色聚书斋。
园林此后无车马，竹杖芒鞋政自佳。

初候　蝼蝈鸣。

二候　蚯蚓出。

三候　王瓜生。

立夏

明　周臣　夏畦时泽页

迎新夏

古代人们非常重视立夏。据载，立夏这天，帝王要率文武百官到郊外举行迎夏仪式。君臣一律穿朱色礼服，配朱色玉佩，且马匹、车旗一律朱红，以表达对丰收的企求和美好的愿望。

首夏泛天池诗

南朝梁 萧衍

薄游朱明节，泛漾天渊池。
舟楫互容与，藻蘋相推移。
碧沚红菡萏，白沙青涟漪。
新波拂旧石，残花落故枝。
叶软风易出，草密路难披。

咏廿四气诗·立夏四月节

唐 元稹

欲知春与夏，仲吕启朱明。
蚯蚓谁教出，王菰自合生。
帘蚕呈茧样，林鸟哺雏声。
渐觉云峰好，徐徐带雨行。

立夏

宋 陆游

赤帜插城扉，东君整驾归。
泥新巢燕闹，花尽蜜蜂稀。
槐柳阴初密，帘栊暑尚微。
日斜汤沐罢，熟练试单衣。

山亭夏日

唐 高骈

绿树阴浓夏日长，楼台倒影入池塘。
水晶帘动微风起，满架蔷薇一院香。

初夏即事

宋 王安石

石梁茅屋有弯碕，流水溅溅度两陂。
晴日暖风生麦气，绿阴幽草胜花时。

立夏日纳凉

宋 李光

茅庵西畔小池东，乌鹊藏身柳影中。
沙岸山坡无野店，不知此处有清风。

立夏

宋 薛澄

渐觉风光燠，徐看树色稠。
蚕新教织绮，貂敝岂辞裘。
酷有烟波好，将图荷芰游。
田间读书处，新笋万竿抽。

阮郎归·立夏

明 张大烈

绿阴铺野换新光，薰风初昼长。
小荷贴水点横塘，蝶衣晒粉忙。

茶鼎熟，酒卮扬，醉来诗兴狂。
燕雏似惜落花香，双衔归画梁。

得闲适

春意藏，夏初长。暮春与初夏，就像你中有我我中有你，花残了，然天气未炎热。这也是相对农闲的季节，尤见闲适慵懒的『慢生活』，躺在床上，听风吹过竹林，美美地睡上一觉，真是最舒适的夏日时光。

喜晴光

春雨渐歇，云破处，一抹晴光，带来明媚。阳光透过翠绿的树叶洒下斑驳的光影，微风拂过，树梢轻颤，似在轻声吟唱。农人在田间辛勤劳作，汗水和微笑交织成一幅动人的画卷。

喜晴

明 张宇初

立夏天方霁，闲情喜暂舒。
树深添雨润，溪落见人疏。
夕照斜依竹，园花落近书。
年来惟懒拙，殊觉称幽居。

立夏喜晴

明 陈伯康

剩雨残春送五更，晴光入夏似相迎。
绿槐门巷南薰细，又听新蝉第一声。

立夏后晴游我庄

明 李梦阳

郊出不知昨夜雨，日高烟翠湿空林。
杨花欲尽村村雪，梅子先传树树金。
笑向市城开俗眼，喜从园野见吾心。
绕亭奚啻千千竹，夏日黄鹂更好音。

尝三鲜

立夏有尝三鲜的习俗。比如樱桃、枇杷和杏子是树三鲜，海蛳、河豚和鲥鱼是水三鲜，蚕豆、苋菜和黄瓜是地三鲜，等等。通过品尝不同种类的食物，可以带来不同的祝福和健康。

樱桃

唐 张祜

石榴未拆梅犹小，爱此山花四五株。

斜日庭前风袅袅，碧油千片漏红珠。

立夏前一日登马氏山亭

宋 朱翌

百忧不到酒三行，万事尽休棋一枰。

梅子未黄先著雨，樱桃欲熟正防莺。

忽惊夏向明朝立，便恐春从此地更。

数蝶飞来花寂寞，乱蛙鸣处水纵横。

樱桃

宋 杨万里

樱桃一雨半雕零，更与黄鹂翠羽争。

计会小风留紫脆，殷勤落日弄红明。

摘来珠颗光如湿，走下金盘不待倾。

天上荐新旧分赐，儿童犹解忆寅清。

初候　苦菜秀。

二候　靡草死。

三候　麦秋至。

小满

明　蓝瑛　仿赵令穰荷乡清夏

小满

元 元淮

子规声里雨如烟，润逼红绡透客毡。

映水黄梅多半老，邻家蚕熟麦秋天。

四月

明 文彭

我爱江南小满天，鲥鱼初上带冰鲜。

一声戴胜蚕眠后，插遍新秧绿满田。

闲居杂兴

明 薛文炳

最爱江南小满天，樱桃烂熟海鱼鲜。

一声布谷啼残雨，松影半帘山日悬。

村家四月词十首·其四

清 查慎行

小满初过上簇迟，落山肥茧白于脂。

费他三幼占风色，二月前头蚤卖丝。

祈蚕节

小满也是蚕神的诞辰，尤其在中国南方的江浙地区，养蚕业非常兴盛。因此，蚕农们会举行祈蚕节，以祈求养蚕顺利，新丝上市顺利。

育阁黎房见秋兰有花作

宋 毛滂

南风吹露畦，苦菜日夜花。
同荣有蔓草，托质多长蛇。

三月十七日以檄出行赈贷旬日而复反自州门

宋 赵蕃

春今回首便天涯，留得芳英在物华。
野色似云閒放犊，树荫如幄暗巢鸦。
金钱满地空心草，紫绮漫郊苦菜花。
试考方言助多识，欲传名字入诗家。

生夏二十首仍用元微之生春诗韵·其七

清 弘历

何处生夏早，夏生菜圃中。
王瓜生滟露，苦菜秀猗风。
缀架垂垂好，堆盘款款融。
寒酸有真味，莫问食单丛。

食苦菜

苦菜是中国人最早食用的野菜之一，具有清热、凉血和解毒的功能。在小满时节，人们会食用苦菜，以应季尝鲜，体现了古代人们对未来美好生活的期望，以及他们对自然的尊重和依赖。

山水友馀辞·苦菜

宋　王质

王瓜后，靡草前，
荠却苦，荼却甘。
贝母花哆哆，龙葵叶团团。
苦菜，苦菜，
空山自有闲人爱，
竹箸木瓢越甜煞。

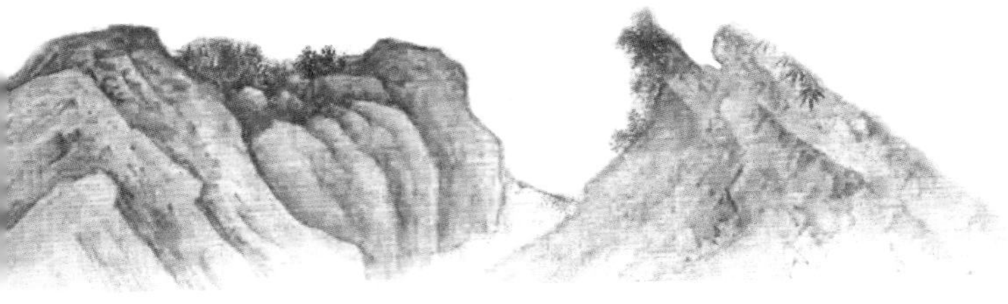

晨征

宋 巩丰

静观群动亦劳哉，岂独吾为旅食催。
鸡唱未圆天已晓，蛙鸣初散雨还来。
清和入序殊无暑，小满先时政有雷。
酒贱茶饶新面熟，不妨乘兴且徘徊。

乐清和

小满时节，阳气渐盛，天气清明和暖。南风频频、草木摇曳，麦穗转黄、稻秧尚青，将满未满、恰到好处。不疾不徐之间，就是最好的状态。

初夏绝句

宋 陆游

纷纷红紫已成尘，布谷声中夏令新。
夹路桑麻行不尽，始知身是太平人。

客中初夏

宋 司马光

四月清和雨乍晴，南山当户转分明。
更无柳絮因风起，惟有葵花向日倾。

枇杷熟

小满过后，气温上升，全面迎来夏季，是各种蔬果成熟的季节，民间有『小满枇杷半坡黄』一说。

初夏游张园

宋 戴复古

乳鸭池塘水浅深，熟梅天气半阴晴。

东园载酒西园醉，摘尽枇杷一树金。

天平山中

明 杨基

细雨茸茸湿楝花，南风树树熟枇杷。

徐行不记山深浅，一路莺啼送到家。

小满日口号

明 李昌祺

久晴泥路足风沙，杏子生仁楝谢花。

长是江南逢此日，满林烟雨熟枇杷。

吴门竹枝词四首·其四 小满

清 王泰偕

调剂阴晴作好年，麦寒豆暖两周旋。

枇杷黄后杨梅紫，正是农家小满天。

初候 螳螂生。

二候 䴗始鸣。

三候 反舌无声。

芒種

宋　刘松年　江乡清夏图卷

插秧忙

芒种在农耕上有着重要的意义，此时气温显著升高、雨量充沛，很适宜进行播种和移栽等农事活动。过了这一节气，气温的升高会使得水稻营养生长期缩短，影响秋季收割时的产量，故有『芒种不种，再种无用』的谚语。芒种同时也预示着播种希望、收获喜悦，趁时而种、忙有所得。

乡村四月

宋 翁卷

绿遍山原白满川，子规声里雨如烟。
乡村四月闲人少，才了蚕桑又插田。

插秧

宋 范成大

种密移疏绿毯平，行间清浅縠纹生。
谁知细细青青草，中有丰年击壤声。

耕图二十一首·其八　拔秧

宋　楼璹

新秧初出水，渺渺翠毯齐。
清晨且拔擢，父子争提携。
既沐青满握，再栉根无泥。
及时趁芒种，散著畦东西。

时雨

宋　陆游

时雨及芒种，四野皆插秧。
家家麦饭美，处处菱歌长。
老我成惰农，永日付竹床。
衰发短不栉，爱此一雨凉。
庭木集奇声，架藤发幽香。
莺衣湿不去，劝我持一觞。
即今幸无事，际海皆农桑。
野老固不穷，击壤歌虞唐。

石桥

明　汤珍

时雨如膏沐，能添竹树鲜。
石桥分野望，云日澹川烟。
僧笠归花外，渔舟系柳边。
村村逐芒种，播谷满菑田。

寄闲情

入夏种收皆奔忙，青梅煮酒话家常。忙里偷闲，寻一处清幽，邀三五好友，便是难得的闲暇时光。

自遣

明 文肇祉

开窗四望意欣然，插遍新秧绿满田。
乍暖又寒芒种候，启晴还雨熟梅天。
池边细浪知鱼乐，草长平坡看鸭眠。
自笑老来生计拙，疏慵真适有闲缘。

夏日即事

明 霍与瑕

野塘一曲俯高楼，云白山青江自流。
阳月渐收芒种雨，西风吹老稻花秋。
时清海国家家乐，日永山斋事事幽。
水步浴馀林下坐，儿童齐唱去归休。

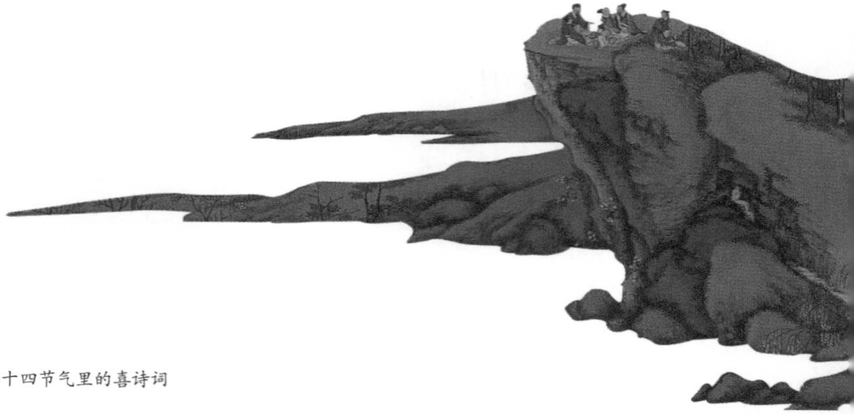

江村

唐 杜甫

清江一曲抱村流，长夏江村事事幽。
自去自来堂上燕，相亲相近水中鸥。
老妻画纸为棋局，稚子敲针作钓钩。
但有故人供禄米，微躯此外更何求？

芒种后经旬无日不雨偶得长句

宋 陆游

芒种初过雨及时，纱厨睡起角巾攲。
痴云不散常遮塔，野水无声自入池。
绿树晚凉鸠语闹，画梁昼寂燕归迟。
闲身自喜浑无事，衣覆熏笼独诵诗。

初夏江村

明 高启

轻衣软履步江沙，树暗前村定几家。
水满乳凫翻藕叶，风疏飞燕拂桐花。
渡头正见横渔艇，林外时闻响纬车。
最是黄梅时节近，雨余归路有鸣蛙。

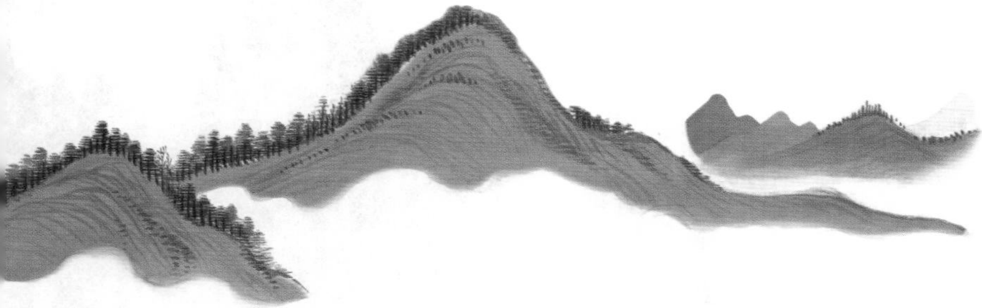

咏廿四气诗 · 芒种五月节

唐 元稹

芒种看今日，螗螂应节生。
彤云高下影，鴳鸟往来声。
渌沼莲花放，炎风暑雨晴。
相逢问蚕麦，幸得称人情。

三衢道中

宋 曾几

梅子黄时日日晴，小溪泛尽却山行。
绿阴不减来时路，添得黄鹂四五声。

夏日田园杂兴

宋 范成大

梅子金黄杏子肥，麦花雪白菜花稀。
日长篱落无人过，惟有蜻蜓蛱蝶飞。

梅麦黄

芒种之时，南方的梅子、麦子都进入成熟期，人们会在这天『煮梅』，还有看麦稍黄的习俗。

奉和夏日应令

南北朝 庾信

朱帘卷丽日，翠幕蔽重阳。
五月炎蒸气，三时刻漏长。
麦随风里熟，梅逐雨中黄。
开冰带井水，和粉杂生香。
衫含蕉叶气，扇动竹花凉。
早菱生软角，初莲开细房。
愿陪仙鹤举，洛浦听笙簧。

首夏山中行吟

明 祝允明

梅子青，梅子黄，菜肥麦熟养蚕忙。
山僧过岭看茶老，村女当垆煮酒香。

观竞渡

最早在战国时期就有『龙舟竞渡』的风俗，通常在农历的五月初五端午节前后举行。除纪念屈原之外，在中国各地人们还赋予了其不同的寓意。

贺新郎·端午

宋 刘克庄

儿女纷纷夸结束，新样钗符艾虎。

早已有、游人观渡。

老大逢场慵作戏，任陌头、年少争旗鼓。

溪雨急，浪花舞。

竞渡棹歌

宋 黄公绍

看龙舟，看龙舟，两堤未斗水悠悠。

一片笙歌催闹晚，忽然鼓棹起中流。

湖亭观竞渡

宋 楼钥

涵虚歌舞拥邦君，两两龙舟来往频。

闰月风光三月景，二分烟水八分人。

锦标赢得千人笑，画鼓敲残一半春。

薄暮游船分散去，尚余箫鼓绕湖滨。

初候　鹿角解。

二候　蜩始鸣。

三候　半夏生。

夏至

清　王原祁　夏山新霁图卷

雨消暑

夏至时分，天地交泽，炎热难耐。忽闻雷声隆隆，乌云密布，天际如墨。一场夏雨倾盆而下，仿佛天河倒挂，洗净尘世烦嚣。雨后空气清新，热浪全消，让人心旷神怡，忘却暑气。

和昌英叔夏至喜雨

宋 杨万里

清酣暑雨不缘求，犹似梅黄麦欲秋。
去岁如今禾半死，吾曹遍祷汗交流。
此生未用愠三已，一饱便应哦四休。
花外绿畦深没鹤，来看莫惜下邳侯。

咏廿四气诗 · 夏至五月中

唐 元稹

处处闻蝉响，须知五月中。

龙潜渌水穴，火助太阳宫。

过雨频飞电，行云屡带虹。

蕤宾移去后，二气各西东。

微凉

宋 寇准

高桐深密间幽篁，乳燕声稀夏日长。

独坐水亭风满袖，世间清景是微凉。

饮湖上初晴后雨 · 其二

宋 苏轼

水光潋滟晴方好，山色空蒙雨亦奇。

欲把西湖比西子，浓妆淡抹总相宜。

夏日即事 · 其一

清 宋湘

小圃分畦得，编篱复作栏。

花多蜂易闹，果熟鸟先欢。

夏至连番雨，滇中五月寒。

披衣常起早，荷露已漙漙。

夏至夜即事

明　陈恭尹

初晴天气便炎蒸，小阁风多最上层。
腊酒旧藏椎髻妇，春茶新惠住山僧。
频探落月移湘簟，自惜流萤掩夜灯。
一岁算来今夕短，老夫犹为几回兴。

鹧鸪天

清　周星誉

夏至江村正好嬉。老红生翠一川迷。
田娘箬帽分秧去，乡客泥船载草归。
溪犊卧，水禽啼。日斜官路过人稀。
一陂野葛花如雪，蚱蜢蜻蜓历乱飞。

乘夜凉

夏至时分，昼长夜短。白天酷热难耐，只有等到日落之后，天气才稍微转凉。晚饭过后，人们走出家门，孩童们追逐嬉戏，长辈们话家常。月光洒在青石板上，如同一幅充满诗意的画卷。

荔枝丹

荔枝是夏令时节的一种沁人心脾的水果，夏季气温高，人的胃肠道比较容易感到不适，而荔枝中含有丰富的膳食纤维和果胶等成分，有助于促进肠道蠕动，缓解便秘和消化不良的问题。

食荔枝

宋 苏轼

罗浮山下四时春，卢橘杨梅次第新。
日啖荔枝三百颗，不辞长作岭南人。

餐荔次韵·其一

明 区越

一抹丹霞百树连，江园荐荔喜新鲜。
繁华独数端阳后，风味应无夏至前。
代柬群公真有句，膏车盘谷总忘年。
石桥流水古松下，此地谁分一洞天。

广州荔支词·其十

明 屈大均

未曾夏至难齐熟，最喜蝉声日日催。
笑口但令香玉满，愁心尽与绛囊开。

舟行杂咏·其十

明 区大相

夏至南风盛，维舟向河澳。
问君何淹留，南园荔枝熟。

榴花燃

榴花夏至如约绽放，火红的花朵点缀于密密匝匝的油绿叶片间，灿烂如火，娇艳明媚。因此农历五月又名『榴月』。

初夏即事十二解·其四

宋 杨万里

从教节序暗相催，历日尘生懒看来。
却是石榴知立夏，年年此日一花开。

赵中丞折枝石榴

元 马祖常

乘槎使者海西来，移得珊瑚汉苑栽。
只待绿荫芳树合，蕊珠如火一时开。

喜山石榴花开

唐　白居易

忠州州里今日花，庐山山头去时树。
已怜根损斩新栽，还喜花开依旧数。
赤玉何人少琴轸，红缬谁家合罗裤。
但知烂熳恣情开，莫怕南宾桃李妒。

阮郎归·初夏

宋　苏轼

绿槐高柳咽新蝉。薰风初入弦。
碧纱窗下水沉烟。棋声惊昼眠。

微雨过，小荷翻。榴花开欲然。
玉盆纤手弄清泉。琼珠碎却圆。

初候　温风至。

二候　蟋蟀居壁。

三候　鹰始击。

小暑

小暑

清　龚贤　夏景山水图

避暑气

小暑时节，烈日炎炎。人们寻找各种方法避暑降温，以求一丝凉爽。古时的文人雅士，多喜欢退居山林之中，寻幽访胜，享受这个节气的独特韵味。

咏廿四气诗·小暑六月节

唐 元稹

倏忽温风至，因循小暑来。
竹喧先觉雨，山暗已闻雷。
户牖深青霭，阶庭长绿苔。
鹰鹯新习学，蟋蟀莫相催。

避暑溪上

宋 赵汝燧

不堪愚蜗舍如炊，何处清幽可杖藜。
未约客须先觅酒，要寻凉必去临溪。
撑船访洞林间港，坐石吟风柳下堤。
晚网得鱼似湖白，銮刀脍玉捣香齑。

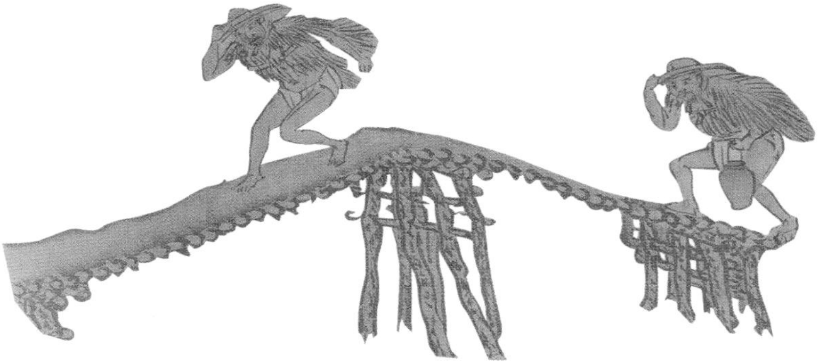

消暑

唐 白居易

何以消烦暑，端坐一院中。
眼前无长物，窗下有清风。
散热由心静，凉生为室空。
此时身自保，难更与人同。

暑中闲咏

宋 苏舜钦

嘉果浮沉酒半醺，床头书册乱纷纷。
北轩凉吹开疏竹，卧看青天行白云。

纳凉

宋 秦观

携扙来追柳外凉，画桥南畔倚胡床。
月明船笛参差起，风定池莲自在香。

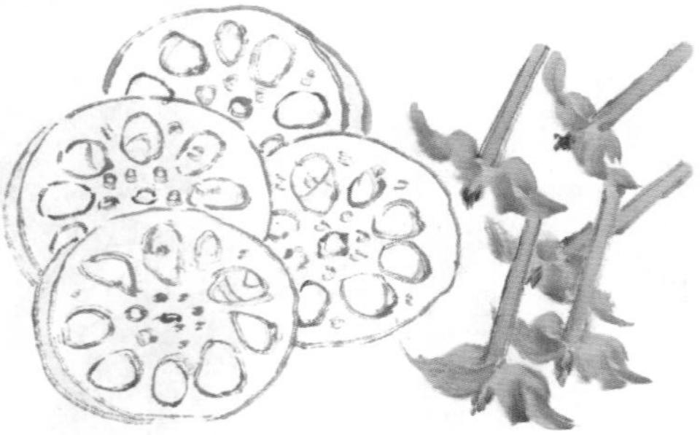

小集食藕极嫩

宋 杨万里

比雪犹松在，无丝可得飘。

轻拈愁欲碎，未嚼已先销。

藕

宋 刘子翚

密蕴罗文细，明含玉色清。

冰盘时荐美，刀惹断丝轻。

君子堂

宋 白玉蟾

南薰唤起莲花悟，西照催归燕子忙。

自洗霜刀来切藕，传君嚼玉嚥冰方。

谢田贤良送莲藕

宋 姚勉

京陌尘埃渴肺肠，藕莲分惠带湖香。

羡君一叶穿花底，醉吸荷筒月露凉。

吃雪藕

在民间还有小暑吃藕的习俗。清咸丰年间，莲藕就是御膳贡品。藕与『偶』同音，所以人们用食藕祝愿婚姻美满。藕与莲花一样，出污泥而不染，因此也被视为清廉高洁的人格象征。

食新米

小暑时节虽然阳光猛烈、高温潮湿多雨，但对于农作物来讲，雨热同期有利于成长。在过去，南方地区民间有小暑『食新』习俗，即在小暑过后尝新米。农民将新割的稻谷碾成米后，做好饭供祀五谷大神和祖先，然后人人吃尝新米。

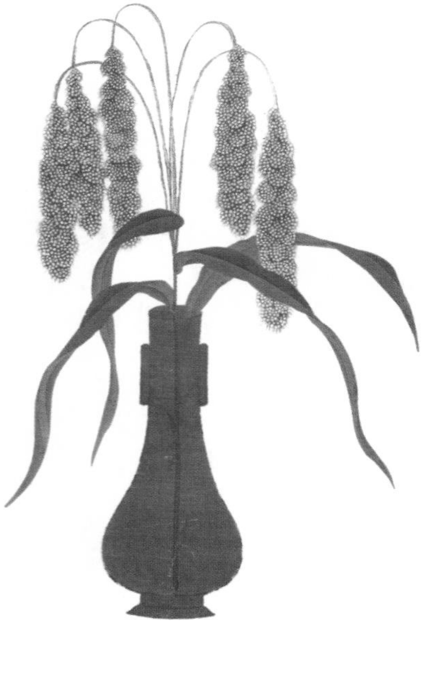

以新米作捞饭有感

宋　虞俦

老矣何妨受一廛，笑渠杨恽强歌田。
惊心赤地三年旱，慰眼黄云八月天。
他日江船来白粲，暂时水碓捣红鲜。
软炊香饭怜脾病，从此长斋绣佛前。

送瑞莲新米白酒与韩监仓

宋　陈造

珍珠滴红敌紫腴，君家宝此如珍珠。
我家玉友亦胜友，论交遣到君座隅。
秋莲结实甘胜蜜，香粳荐新玉为粒。
遥知毫末不及宾，一笑聊同孟光吃。

杜伯渊送新米

明　杨基

山人送我山田米，粒粒如霜新可喜。
雨春风播落红芒，照眼明珠绝糠秕。
饥肠欲食未敢炊，未及秋尝羞祖祢。
忆我春来岁方旱，焦穗萎苗将槁矣。
不意兹晨见精凿，此宝更将何物比。
终岁勤劳农可念，不耕而食余堪耻。
归买淞江雪色鲈，持向高堂奉甘旨。

簪茉莉

古时风俗将茉莉花簪戴在女子头上，花香浓郁，能祛秽浊之气。

点绛唇·艳香茉莉

宋 王十朋

畏日炎炎，梵香一炷薰亭院。
鼻根充满。好利心殊浅。

贝叶书名，名义谁能辨。
西风远。胜鬟不见。喜见琼花面。

留山间种艺十绝

宋 刘克庄

一卉能令一室香，炎天尤觉玉肌凉。
野人不敢烦天女，自折琼枝置枕旁。

咏茉莉

清 王士禄

冰雪为容玉作胎，柔情合傍琐窗隈。
香从清梦回时觉，花向美人头上开。

初候　腐草为萤。

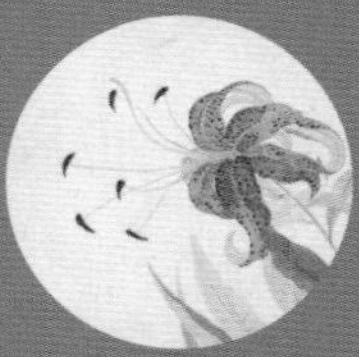

二候　土润溽暑。

三候　大雨行时。

大暑

宋　佚名　荷亭销夏图

歇伏热

『歇伏』是从古到今真正留下来的习惯，所谓『热在三伏』，这个『伏』有避匿之意，大暑正值中伏前后，是我国一年中最热时期。所以营造好安静、凉爽的环境，便可在炎炎夏日里安睡一阵。

鹤冲天·溧水长寿乡作

宋 周邦彦

梅雨霁，暑风和。高柳乱蝉多。
小园台榭远池波。鱼戏动新荷。

薄纱厨，轻羽扇。枕冷簟凉深院。
此时情绪此时天。无事小神仙。

夏夜追凉

宋 杨万里

夜热依然午热同，开门小立月明中。
竹深树密虫鸣处，时有微凉不是风。

夏日山中

唐 李白

懒摇白羽扇，裸袒青林中。
脱巾挂石壁，露顶洒松风。

夏日闲放

唐 白居易

时暑不出门，亦无宾客至。
静室深下帘，小庭新扫地。
褰裳复岸帻，闲傲得自恣。
朝景枕簟清，乘凉一觉睡。
午餐何所有，鱼肉一两味。
夏服亦无多，蕉纱三五事。
资身既给足，长物徒烦费。
若比箪瓢人，吾今太富贵。

热

元 张昱

南州大暑何可当，雪冰不解三伏凉。
夜深明月在天上，白露满湖荷叶香。

江畔独步寻花

唐 杜甫

黄四娘家花满蹊，千朵万朵压枝低。
留连戏蝶时时舞，自在娇莺恰恰啼。

大暑水阁听晋卿家昭华吹笛

宋 黄庭坚

蕲竹能吟水底龙，玉人应在月明中。
何时为洗秋空热，散作霜天落叶风。

酒泉子·长忆西山

宋 潘阆

长忆西山，灵隐寺前三竺后，
冷泉亭上旧曾游，三伏似清秋。

白猿时见攀高树，长啸一声何处去？
别来几向画图看。终是欠峰峦。

骋怀游

大暑时节，烈日炎炎，古人会寻清凉之地以骋怀游。他们或徜徉于幽深林间，或泛舟于碧波荡漾的湖上，忘却暑气的烦扰，尽情享受着大自然的赐予。

饮酌欢

三伏天有饮酒的习俗。此时谷物成熟，是酿酒的忙碌时期，同时也是品饮的好时节。自古以来，古人就有大暑饮酒聚会、消烦暑的习俗，三国时期也称为『河朔饮』『避暑饮』。

刘驸马水亭避暑

唐 刘禹锡

千竿竹翠数莲红，水阁虚凉玉簟空。
琥珀盏红疑漏酒，水晶帘莹更通风。
赐冰满碗沉朱实，法馔盈盘覆碧笼。
尽日逍遥避烦暑，再三珍重主人翁。

西园十咏·西楼

宋 吴中复

信美他乡地，登临有故楼。
清风破大暑，明月转高秋。
朝暮岷山秀，东西锦水流。
宾朋逢好景，把酒为迟留。

大暑竹下独酌

宋 郑刚中

新竹日以密，竹叶日以繁。
参差四窗外，小大皆琅玕。
隆暑方盛气，势欲焚山樊。
悠然此君子，不容至其间。
沮风如可人，亦复怡我颜。
黄错开竹杪，放入月一弯。
绿阴随合之，碎玉光斓斑。
我举大榼酒，欲与风月欢。
清风不我留，月亦无一言。
独酌径就醉，梦凉天地宽。

食瓜乐

大暑节气“瓜满地”，这时候正是各种瓜菜丰收的季节。古人讲究“顺应天时”，对应的季节吃对应的食物。苦瓜败火、黄瓜利尿、冬瓜减肥、西瓜解暑……每种瓜都有其功用。

食瓜有感

宋 黄庭坚

暑轩无物洗烦蒸，百果凡材得我憎。
藓井筠笼浸苍玉，金盘碧箸荐寒冰。
田中谁问不纳履，坐上适来何处蝇。
此理一杯分付与，我思明哲在东陵。

西瓜

宋 顾逢

多自淮乡得，天然碧玉团。
破来肌体莹，嚼处齿牙寒。
清敌炎威退，凉生酒量宽。
东门无此种，雪片簇冰盘。

食西瓜

宋 方一夔

恨无纤手削驼峰，醉嚼寒瓜一百筒。
半岭花衫粘唾碧，一痕丹血掐肤红。
香浮笑语牙生水，凉入衣襟骨有风。
从此安心师老圃，青门何处问穷通。

初候　凉风至。

二候　白露降。

三候　寒蝉鸣。

立秋

明　仇英　秋江待渡图

纳新凉

纳凉作为立秋的重要习俗，历史悠久。通常在立秋日，人们会选择在清晨或傍晚，穿着轻薄的衣物，到室外的凉爽地方避暑纳凉。

秋夕

唐 杜牧

银烛秋光冷画屏，轻罗小扇扑流萤。
天阶夜色凉如水，卧看牵牛织女星。

秋日后

唐 王建

住处近山常足雨，闻晴晒曝旧芳茵。
立秋日后无多热，渐觉生衣不著身。

立秋日

宋 刘翰

乱鸦啼散玉屏空，一枕新凉一扇风。
睡起秋声无觅处，满阶梧叶月明中。

新秋

唐 齐己

始惊三伏尽，又遇立秋时。
露彩朝还冷，云峰晚更奇。
垄香禾半熟，原迥草微衰。
幸好清光里，安仁谩起悲。

立秋

元 方回

暑赦如闻降德音，一凉欢喜万人心。
虽然未便梧桐落，终是相将蟋蟀吟。
初夜银河正牛女，诘朝红日尾觜参。
朝廷欲觅玄真子，蟹舍渔蓑烟雨深。

立秋

清 弘历

通闰立秋早，况在深山中。
虫鸣莎底急，风来树上雄。
益觉秋信佳，旷览极长空。
白帝有神权，素宇无纤蒙。
匪惟契静怀，更用占祥农。

啃秋瓜

啃秋，亦称『咬秋』，是中国传统岁时风俗之一，流行于各地。古代人每逢立秋这天，会通过吃西瓜、香瓜或桃，表达『啃』去暑气，『咬』住秋凉，祈盼丰收的良好愿望。

赛秋社

秋社，是古代祭祀土地神的日子，在立秋后第五个戊日。古时土地神和祭祀土地神的地方称『社』，每到播种或收获的季节，农民们都要立社祭祀，祈求或酬报土地神。

郊行逢社日

唐 殷尧藩

酒熟送迎便，村村庆有年。
妻孥亲稼穑，老稚效渔畋。
红树青林外，黄芦白鸟边。
稔看风景美，宁不羡归田？

秋社

宋 陆游

明朝逢社日，邻曲乐年丰。
稻蟹雨中尽，海氛秋后空。
不须谀土偶，正可倚天公。
酒满银杯绿，相呼一笑中。

秋社

清 陈恭尹

农祥传月令，赛社及秋徂。
树下趋童稚，坛中杂史巫。
雁来排碧落，燕去掠平芜。
宰肉陈孺子，而今作老夫。

乞巧

唐 林杰

七夕今宵看碧霄，牵牛织女渡河桥。
家家乞巧望秋月，穿尽红丝几万条。

七夕

唐 权德舆

今日云軿渡鹊桥，应非脉脉与迢迢。
家人竟喜开妆镜，月下穿针拜九霄。

七夕

唐 罗隐

络角星河菡萏天，一家欢笑设红筵。
应倾谢女珠玑箧，尽写檀郎锦绣篇。
香帐簇成排窈窕，金针穿罢拜婵娟。
铜壶漏报天将晓，惆怅佳期又一年。

迎乞巧

『七夕』，又称『女儿节』『少女节』『乞巧节』，是传说中牛郎和织女在鹊桥相会的日子。古代七夕的民间活动主要是乞巧，就是向织女乞求一双巧手，最普遍的方式是对月穿针，如果线穿过针孔，就叫得巧。这一习俗在唐宋时期最盛。

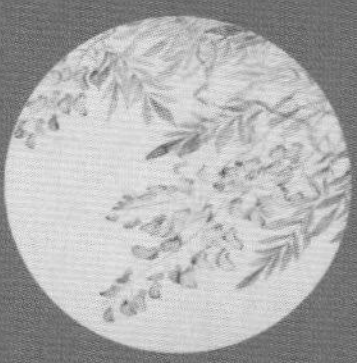

初候　鹰乃祭鸟。

二候　天地始肃。

三候　禾乃登。

處暑

宋　佚名　秋浦停舟图

采莲子

到了处暑时节，莲花垂暮，莲子成熟，采莲子是其中的主要节目。新采的嫩莲子可以生吃，清香甘甜，别有一番口感。古代有很多描述采莲的诗歌，乐府诗歌中专门有《采莲曲》的门类。

采莲曲

唐　王昌龄

荷叶罗裙一色裁，芙蓉向脸两边开。
乱入池中看不见，闻歌始觉有人来。

池上

唐　白居易

小娃撑小艇，偷采白莲回。
不解藏踪迹，浮萍一道开。

江南

汉乐府

江南可采莲，莲叶何田田，鱼戏莲叶间。
鱼戏莲叶东，鱼戏莲叶西。
鱼戏莲叶南，鱼戏莲叶北。

采莲曲·金桨木兰船

南朝梁 刘孝威

金桨木兰船，戏采江南莲。
莲香隔浦渡，荷叶满江鲜。
房垂易入手，柄曲自临盘。
露花时湿钏，风茎乍拂钿。

山居秋暝

唐 王维

空山新雨后，天气晚来秋。
明月松间照，清泉石上流。
竹喧归浣女，莲动下渔舟。
随意春芳歇，王孙自可留。

禾稻香

咏廿四气诗·处暑七月中

唐 元稹

向来鹰祭鸟，渐觉白藏深。
叶下空惊吹，天高不见心。
气收禾黍熟，风静草虫吟。
缓酌樽中酒，容调膝上琴。

秋村

唐 韩偓

稻垄蓼红沟水清，荻园叶白秋日明。
空坡路细见骑过，远田人静闻水行。
柴门狼藉牛羊气，竹坞幽深鸡犬声。
绝粒看经香一炷，心知无事即长生。

处暑

宋 吕本中

平时遇处暑，庭户有馀凉。
乙纪走南国，炎天非故乡。
寥寥秋尚远，杳杳夜光长。
尚可留连否，年丰粳稻香。

处暑时节，丰收在望，稻田里传来阵阵稻香，仿佛预告着金秋的丰盈。禾苗挺拔，绿波荡漾，农人们脸上洋溢着喜悦，他们的辛勤汗水即将换来满仓的粮食。

西江月·夜行黄沙道

宋　辛弃疾

明月别枝惊鹊，清风半夜鸣蝉。
稻花香里说丰年。听取蛙声一片。

七八个星天外，两三点雨山前。
旧时茅店社林边，路转溪桥忽见。

初秋小雨

宋　陆游

雨来一洗肺肝热，风过远吹禾黍香。
谁识山翁欢喜处，短檠灯火夜初长。

秋光美

处暑时节，北方地区暑去凉来、微风拂面，是二十四节气中风最轻柔、能见度最好的节气，正所谓『秋高气爽』。

初秋

唐 孟浩然

不觉初秋夜渐长，清风习习重凄凉。

炎炎暑退茅斋静，阶下丛莎有露光。

闲适

宋 陆游

四时俱可喜，最好新秋时。

柴门傍野水，邻叟闲相期。

处暑后戏赋

近现代 孙玄常

处暑方过夜新凉，几番秋雨送秋光。

苍藤翠蔓迷新月，紫蕊红葩吐晚香。

门外近郊无贵客，林高密叶响寒蛩。

平生南北多艰困，堪喜清宵一梦长。

清秋游

“处暑”即“出暑”，暑气至此而止。处暑之后，秋意渐浓，夏天的热烈正式落幕，秋日的美景铺陈开来，正是人们畅游郊野、迎秋赏景的好时节。

秋游

唐 白居易

下马闲行伊水头，凉风清景胜春游。
何事古今诗句里，不多说着洛阳秋。

秋行

宋 徐玑

戛戛秋蝉响似筝，听蝉闲傍柳边行。
小溪清水平如镜，一叶飞来浪细生。

秋游原上

唐 白居易

七月行已半，早凉天气清。
清晨起巾栉，徐步出柴荆。
露杖筇竹冷，风襟越蕉轻。
闲携弟侄辈，同上秋原行。
新枣未全赤，晚瓜有馀馨。
依依田家叟，设此相逢迎。
自我到此村，往来白发生。
村中相识久，老幼皆有情。
留连向暮归，树树风蝉声。
是时新雨足，禾黍夹道青。
见此令人饱，何必待西成。

初候　鸿雁来。

二候　玄鸟归。

三候　群鸟养羞。

白露

宋　李安忠　野菊秋鹑图

石榴歌

唐 皮日休

蝉噪秋枝槐叶黄，石榴香老愁寒霜。
流霞包染紫鹦粟，黄蜡纸裹红瓠房。
玉刻冰壶含露湿，斓斑似带湘娥泣。
萧娘初嫁嗜甘酸，嚼破水精千万粒。

题宣和画石榴

明 无名氏

金风吹绽绛纱囊，零落宣和御墨香。
犹喜树头霜露少，南枝有子殿秋光。

秋果熟

白露时节，秋风送爽。石榴露丹心，梨子沉甸甸，柿子如火如荼，栗子壳开笑语。果农笑颜开，乡间处处传来晒果的香。此情此景，正是一年收获的喜悦，秋意浓，果香更浓。

白露

唐 杜甫

白露团甘子，清晨散马蹄。
圃开连石树，船渡入江溪。
凭几看鱼乐，回鞭急鸟栖。
渐知秋实美，幽径恐多蹊。

杂咏园中果子

宋 陆游

浆石榴随糕作节，蜡樱桃与酪同时。
两株偶向池边种，可喜今年坠折枝。

山村即目

清 丘逢甲

一角西峰夕照中，断云东岭雨蒙蒙。
林枫欲老柿将熟，秋在万山深处红。

斟佳酿

题白塘下刘氏园·其三

清 屈大均

风俗河鲀重，秋来味更和。
大罾渔父少，生钓野人多。
白露家家酒，咸潮处处禾。
扁舟乘蟹浪，向暮海门过。

泛明湖

清 龙岭

正是蒹葭白露天，眼明秋水过湖边。
洞箫长笛吟三叠，云影山光共一船。
老酒醉人情洒落，晚风吹面水沦涟。
泰和寒食重怀想，一种风流属后贤。

谚语云：『处暑高粱白露谷』。江苏、浙江一带乡间，每年白露一到，家家皆用谷物酿酒。白露酒用糯米、高粱等五谷酿成，其酒温中含热，略带甜味。白露米酒与节气颇有讲究外，酿造方法也相当独特。白露米酒中的精品是『程酒』。程酒的历史很悠久，其最早的记载见于北魏时期的《水经注》，书中说，『程酒』因取水于程江（位于资兴市），而得名酒，古为贡酒，盛名久远。

饮露茶

民间有句俗语『春茶苦，夏茶涩，要好喝，秋白露』。白露时节，茶树经过酷热的夏季，终于等到生长的好时期。不像春茶那么娇嫩、不经泡，也不像夏茶那样干涩、味苦，白露茶甘甜香醇，清香解燥，是爱茶人赞不绝口的好茶。

秋兴

宋 陆游

世事何曾挂齿牙，只将放浪作生涯。
有时掬米引驯鹿，到处入林求野花。
邻父筑场收早稼，溪姑负笼卖秋茶。
等闲一日还过却，又倚柴扉数暮鸦。

谢卢石堂惠白露茶

元末明初 蓝仁

武夷山里谪仙人，采得云岩第一春。
丹灶烟轻看不变，石泉火活味逾新。
春风树老旗枪尽，白露芽生粟粒匀。
欲写微吟报佳惠，枯肠搜尽兴空频。

斗蟋蟀

夜书所见

宋 叶绍翁

萧萧梧叶送寒声，江上秋风动客情。
知有儿童挑促织，夜深篱落一灯明。

斗蟋蟀

清 商可

谁教嘍嘈两争雄，白帝馀威到草虫。
可惜旌旗兼壁垒，指挥都是小儿童。

蟋蟀

宋 仇远

蟋蟀一何多，晓夜鸣不已。
居然声相应，各为气所使。
零露聊饱蝉，落叶才庇螘。
秋风满庭砌，安能久居此。
愁声不欲听，我听差可喜。
平生胜负心，一笑付童子。

白露斗蟋蟀在宋代就颇为流行，至明清，风气更盛。《清嘉录》记载：『白露前后，驯养蟋蟀，以为赌斗之乐，谓之「秋兴」，俗名「斗赚绩」。』彼时人们『提笼相望，结队成群』，称蟋蟀为『将军』。

斗蟋蟀三十韵（节选）

清 袁枚

儿时不好弄，雅好斗秋蛩。

老至兴不浅，率众时相攻。

初候　雷始收声。

二候　蛰虫坯户。

三候　水始涸。

秋分

李迪

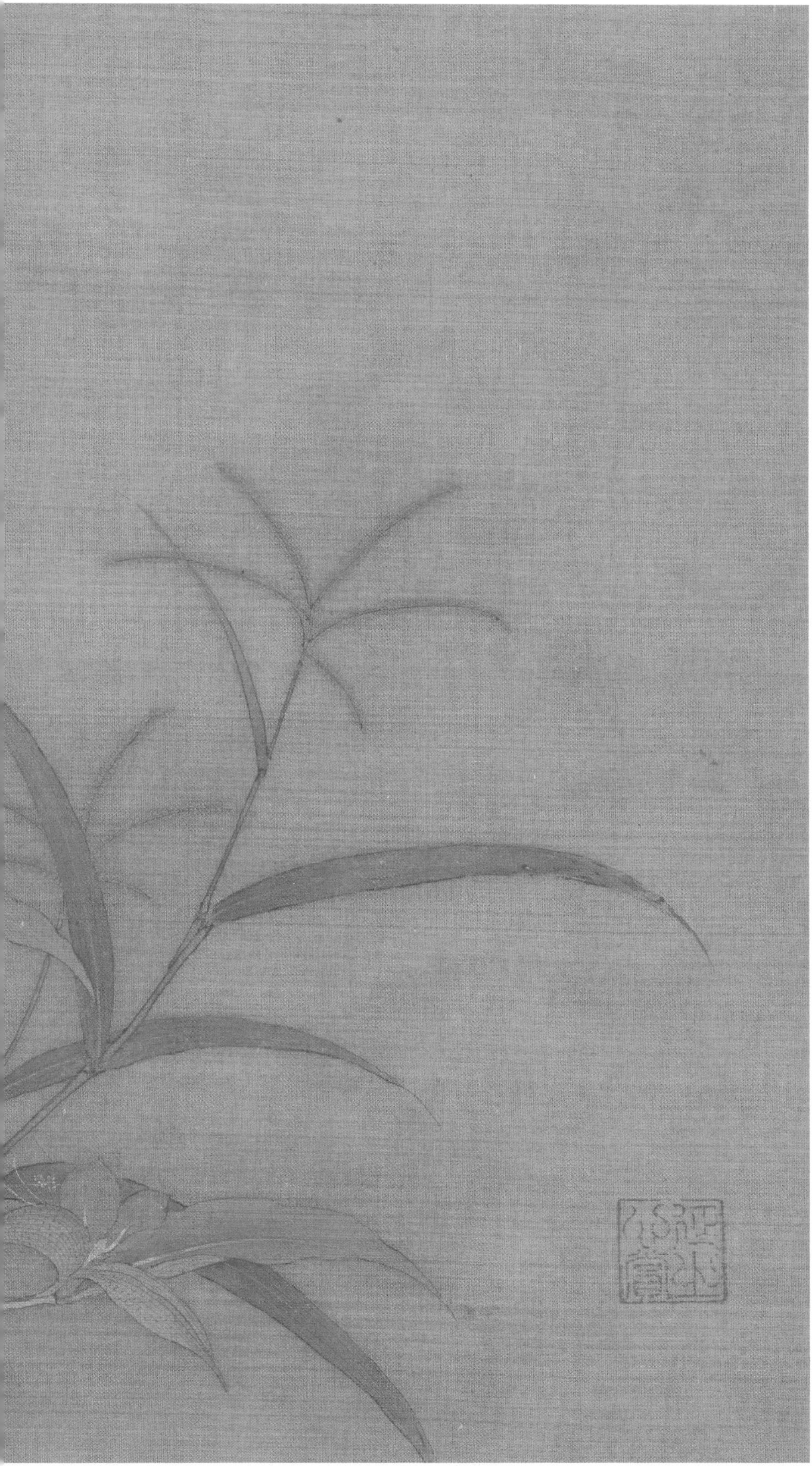

宋　李迪　秋卉草虫图

赏月华

秋分曾经是传统的『祭月节』，随着时代的发展，这一习俗慢慢演变为『赏月』『颂月』，秋分的日期往往接近中秋节，所以在秋分之夜，人们也能欣赏到皎洁明亮的月色。

八月十五夜玩月

唐 刘禹锡

天将今夜月，一遍洗寰瀛。
暑退九霄净，秋澄万景清。
星辰让光彩，风露发晶英。
能变人间世，翛然是玉京。

八月十五日秋分是日又社

宋 刘攽

秋分当月半，望魄复宵中。
难得良辰并，仍将吉戊同。
高楼连卜夜，浊酒任治聋。
注想乘槎客，何如击壤翁。

中秋月·中秋月

明 徐有贞

中秋月。月到中秋偏皎洁。
偏皎洁，知他多少，阴晴圆缺。

阴晴圆缺都休说，且喜人间好时节。
好时节，愿得年年，常见中秋月。

三用韵十首·其一

宋 杨公远

屋头明月上，此夕又秋分。
千里人俱共，三杯酒自醺。
河清疑有水，夜永喜无云。
桂树婆娑影，天香满世闻。

点绛唇·金气秋分

宋 谢逸

金气秋分，风清露冷秋期半。
凉蟾光满。桂子飘香远。

素练宽衣，仙仗明飞观。
霓裳乱。银桥人散。吹彻昭华管。

庆团圆

秋分日与中秋节同在仲秋八月，中秋节又称八月节或团圆节，民俗活动大多围绕月亮进行，像追月、奔月以及吃月饼等，多与团圆有关。

金风玉露相逢曲·丙寅中秋，是日秋分

清 顾太清

天光如水，月光如镜，一片清辉皎洁。
吹来何处桂花香，恰今日、平分秋色。

芭蕉叶老，梧桐叶落，老健春寒秋热。
须知光景不多时，能几见、团圆佳节。

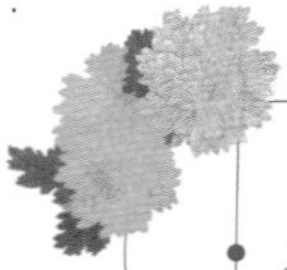

吃秋菜

在岭南地区，秋分有吃秋菜的风俗。秋菜就是野苋菜，当地人称之为『秋碧蒿』，紫绿色相间，和鱼片一起熬汤称为『秋汤』，口感非常鲜美。有民谚：『秋汤灌脏，洗涤肝肠。阖家老少，平安健康。』吃秋菜也是有中医秋天滋补的养生理念。

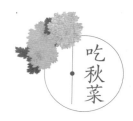

蔬食

唐 陆龟蒙

孔融不要留残脍，庾悦无端吝子鹅。
香稻熟来秋菜嫩，伴僧餐了听云和。

秋菜

明 岑徵

叶少未成束，青青傍短篱。
根沾凉露润，味与野人宜。
小摘留嘉客，分甘佐晚炊。
盘餐秋圃足，饕餮不曾知。

秋菜

清 陈恭尹

荒畦犹有菜，弱架已除瓜。
不少去来蝶，还寻黄白花。
雨馀收落子，霜下卷新芽。
抱瓮劳劳者，于陵是一家。

飞秋鸢

民间秋分有放风筝的习俗。秋风送爽，云淡天高，正是放风筝的好时节。中国的传统风筝以竹子为骨，承载着独属于中国人的浪漫与想象，扶摇直上入云天。

纸鸢

宋 寇准

碧落秋方静，腾空力尚微。

清风如可托，终共白云飞。

放纸鸢

清 吴性诚

回首江乡记昔年，春风一线引飞鸢。

乍看雾色三山地，却放秋光九月天。

几处儿童喧海畔，满空鱼鸟透云边。

旁人莫笑凌霄晚，万里扶摇正洒然。

初候　鸿雁来宾。

二候　雀入大水为蛤。

三候　菊有黄花。

元　盛懋　秋江垂钓图

秋钓乐

寒露节气是一年中钓鱼的好时机。此时气温下降，鱼儿多在较暖水域活动，即浅水区，因此适合秋钓。

淮上渔者

唐 郑谷

白头波上白头翁，家逐船移浦浦风。
一尺鲈鱼新钓得，儿孙吹火荻花中。

江村即事

唐 司空曙

钓罢归来不系船，江村月落正堪眠。
纵然一夜风吹去，只在芦花浅水边。

题秋江独钓图

清 王士祯

一蓑一笠一扁舟，一丈丝纶一寸钩。
一曲高歌一樽酒，一人独钓一江秋。

品花糕

九日登西原宴望（节选）

唐 白居易

移座就菊丛，糕酒前罗列。
虽无丝与管，歌笑随情发。
白日未及倾，颜酡耳已热。
酒酣四向望，六合何空阔。

南歌子·家里逢重九

宋 王迈

家里逢重九，新篘熟浊醪。
弟兄乘兴共登高。
右手茱杯、左手笑持螯。

官里逢重九，归心切大刀。
美人痛饮读离骚。
因感秋英、饷我菊花糕。

九日食糕

宋 宋祁

飚馆轻霜拂曙袍，糗糍花饮斗分曹。
刘郎不敢题糕字，虚负诗家一代豪。

洞仙歌·花糕九日

清 朱彝尊

花糕九日，缀蛮王狮子。圆菊金铃鬟边媚。
向闲房密约，三五须来，也不用青雀先期飞至。
恩深容易怨，释怨成欢，浓笑怀中露深意，
得个五湖船，雉妇渔师，算随处可称乡思。
笑恁若伊借人看，留市上金钱，尽赢家计。

在重阳节吃花糕的起因缘于重阳登高习俗，有山的地方可以爬山登高，而无山可爬的地方，就想法找弥补和替代，因『糕』与『高』谐音，就出现了重阳节吃花糕的习俗。

赏红叶

寒露是赏红叶的好时节。寒露过后，『霜叶红于二月花』，登高而望，极目远眺，满山层林尽染，漫山红叶如霞似锦，别是一番好风景。

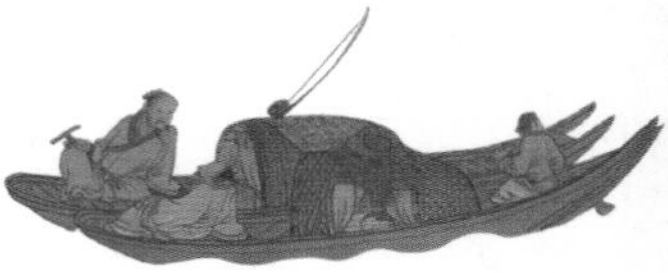

山行

唐 杜牧

远上寒山石径斜，白云生处有人家。
停车坐爱枫林晚，霜叶红于二月花。

访秋

唐 李商隐

酒薄吹还醒，楼危望已穷。
江皋当落日，帆席见归风。
烟带龙潭白，霞分鸟道红。
殷勤报秋意，只是有丹枫。

韦处士郊居

唐 雍陶

满庭诗境飘红叶，绕砌琴声滴暗泉。
门外晚晴秋色老，万条寒玉一溪烟。

题榠查红叶

宋 杨万里

榠查将叶学丹枫，戏与攀条撼晚风。
一片飞来最奇绝，碧罗袖尾滴猩红。

西湖杂咏·秋

元 薛昂夫

疏林红叶，芙蓉将谢，天然妆点秋屏列。
断霞遮，夕阳斜，山腰闪出闲亭榭。
分付画船且慢者。
歌，休唱彻；诗，乘兴写。

红叶

明 王翰

秋来万木着新黄，只有枫林醉晓霜。
炬火乘风焚赤壁，锦帆迎日下维扬。
乱飘村岛迷樵径，远泛宫沟出苑墙。
最爱家园近重九，数枝篱外伴秋香。

红叶

近现代 徐震堮

共趁晴寒日日来，秋光为我小徘徊。
黄绵拥背牛栏侧，一树霜红照酒杯。

秋蟹肥

『秋风起，蟹脚痒；菊花开，闻蟹来』，秋天是吃蟹的最好季节，每年九到十月，螃蟹黄多油满之时，所以有食家言『秋天以吃螃蟹为最隆重之事』。

次韵田园居

宋 方岳

带郭林塘尽可居，秫田虽少不如归。
荒烟五亩竹中半，明月一间山四围。
草卧夕阳牛犊健，菊留秋色蟹螯肥。
园翁溪友过从惯，怕有人来莫掩扉。

谢新酒螃蟹

宋 吕本中

提壶满送小槽春，尖团未霜亦可人。
略借毕郎左右手，为公一洗庾公尘。

次韵田园居

宋 方岳

草卧夕阳牛犊健，菊留秋色蟹螯肥。
园翁溪友过从惯，怕有人来莫掩扉。

分得糟蟹

清 许传霈

新酿开时晚稻红，霜螯买向五湖东。
醉乡风味知何似，一笑烦君入瓮中。

蟹

清 屈大均

凤尾多鱼醢，烝雏并上盘。
闺人馋夕膳，稚子佐朝餐。
冬食宜鲜羽，春煎贵玉兰。
蟹黄随月满，下酒有馀欢。

初候　豺乃祭兽。

二候　草木黄落。

三候　蛰虫咸俯。

霜降

清　张宗苍　秋云红叶轴

过故人庄

唐 孟浩然

故人具鸡黍，邀我至田家。
绿树村边合，青山郭外斜。
开轩面场圃，把酒话桑麻。
待到重阳日，还来就菊花。

刈稻（丁卯秋日）·其五

明 屈大均

秋分寒露一齐收，八月中旬九月头。
禾好不过霜降节，年丰绝胜丙寅秋。
多时饭白无云子，一夕粳香满竹篝。
垂老胼胝吾自分，独怜难得耦耕俦。

庆丰穰

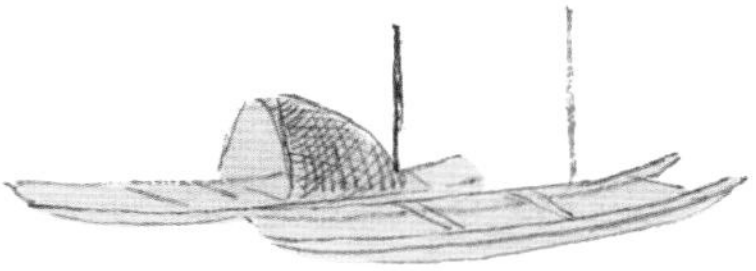

谚云『霜降庆丰收，粮桑宜勤劳』，霜降是收获的季节，农民开始收割最后的秋季作物，并且清理田地，为冬季的到来做准备。如今在广西壮乡老百姓还会举行隆重的壮族霜降节，酬谢自然、共庆丰收。

柿橘香

在我国许多地方，霜降时节有吃柿子的习俗。柿子在霜降前后成熟，营养价值高。吃柿子不但可以御寒保暖，同时还能补筋骨。

谢陈佥惠红绿柿

宋 刘宰

红绿分佳果，丹青让好辞。
遥怜霜落叶，岸帻坐题诗。

山村即目

清 丘逢甲

一角西峰夕照中，断云东岭雨蒙蒙。
林枫欲老柿将熟，秋在万山深处红。

重阳后六日登镜光阁五首·其三

明 陆深

曲阑矮几坐晴波，柿子胡桃落叶多。
为爱城西好风景，相期一日一来过。

浣溪沙·咏橘

宋 苏轼

菊暗荷枯一夜霜。新苞绿叶照林光。
竹篱茅舍出青黄。

香雾噀人惊半破，清泉流齿怯初尝。
吴姬三日手犹香。

衢州近城果园

宋 杨万里

未到衢州五里时，果林一望蔽江湄。
黄柑绿橘深红柿，树树无风缒脱枝。

归云门

宋 陆游

万里归来值岁丰，解装乡墅乐无穷。
甑炊饱雨湖菱紫，篾络迎霜野柿红。
坏壁尘埃寻醉墨，孤灯饼饵对邻翁。
微官行矣闽山去，又寄千岩梦想中。

就菊花

饮酒·其五

晋 陶渊明

结庐在人境，而无车马喧。
问君何能尔？心远地自偏。
采菊东篱下，悠然见南山。
山气日夕佳，飞鸟相与还。
此中有真意，欲辨已忘言。

菊花

唐 元稹

秋丛绕舍似陶家，遍绕篱边日渐斜。
不是花中偏爱菊，此花开尽更无花。

重阳席上赋白菊

唐 白居易

满园花菊郁金黄，中有孤丛色似霜。
还似今朝歌酒席，白头翁入少年场。

赏菊花是霜降节气的雅事之一。古人眼里，菊花是延寿客、不老草。霜降时节，秋菊盛开，我国很多地方都会举行菊花会，赏菊饮酒。

秋香亭

宋 梅尧臣

高轩盛丛菊，可以泛绿樽。
余甘自同荠，忘忧宁用萱。
有木皆剥实，何草不陈根。
独此冒霜艳，芬郁满中园。

悟南柯

金元 丘处机

白露三秋尽，清霜十月初。
群花零落共萧疏。
唯有重阳，嘉景独魁梧。

烂漫真堪爱，馨香不可辜。
人人皆插满头敷。
试问乔公，簪著一枝无。

九日登高

唐 王昌龄

青山远近带皇州，霁景重阳上北楼。
雨歇亭皋仙菊润，霜飞天苑御梨秋。
茱萸插鬓花宜寿，翡翠横钗舞作愁。
谩说陶潜篱下醉，何曾得见此风流。

九日齐山登高

唐 杜牧

江涵秋影雁初飞，与客携壶上翠微。
尘世难逢开口笑，菊花须插满头归。
但将酩酊酬佳节，不用登临恨落晖。
古往今来只如此，牛山何必独霑衣。

鲁山山行

宋 梅尧臣

适与野情惬，千山高复低。
好峰随处改，幽径独行迷。
霜落熊升树，林空鹿饮溪。
人家在何许？云外一声鸡。

登高处

登高是霜降时节的习俗之一。农历重阳一般在霜降节气。此时天高云淡，枫叶尽染，登高远望，不仅可以强身简体，而且赏心悦目，心旷神怡。

秋日与诸君马头山登高

宋 欧阳修

晴原霜后若榴红，佳节登临兴未穷。
日泛花光摇露际，酒浮山色入樽中。
金壶恣洒毫端墨，玉麈交挥席上风。
惟有渊明偏好饮，篮舆酩酊一衰翁。

初候　水始冰。

二候　地始冻。

三候　雉入大水为蜃。

立冬

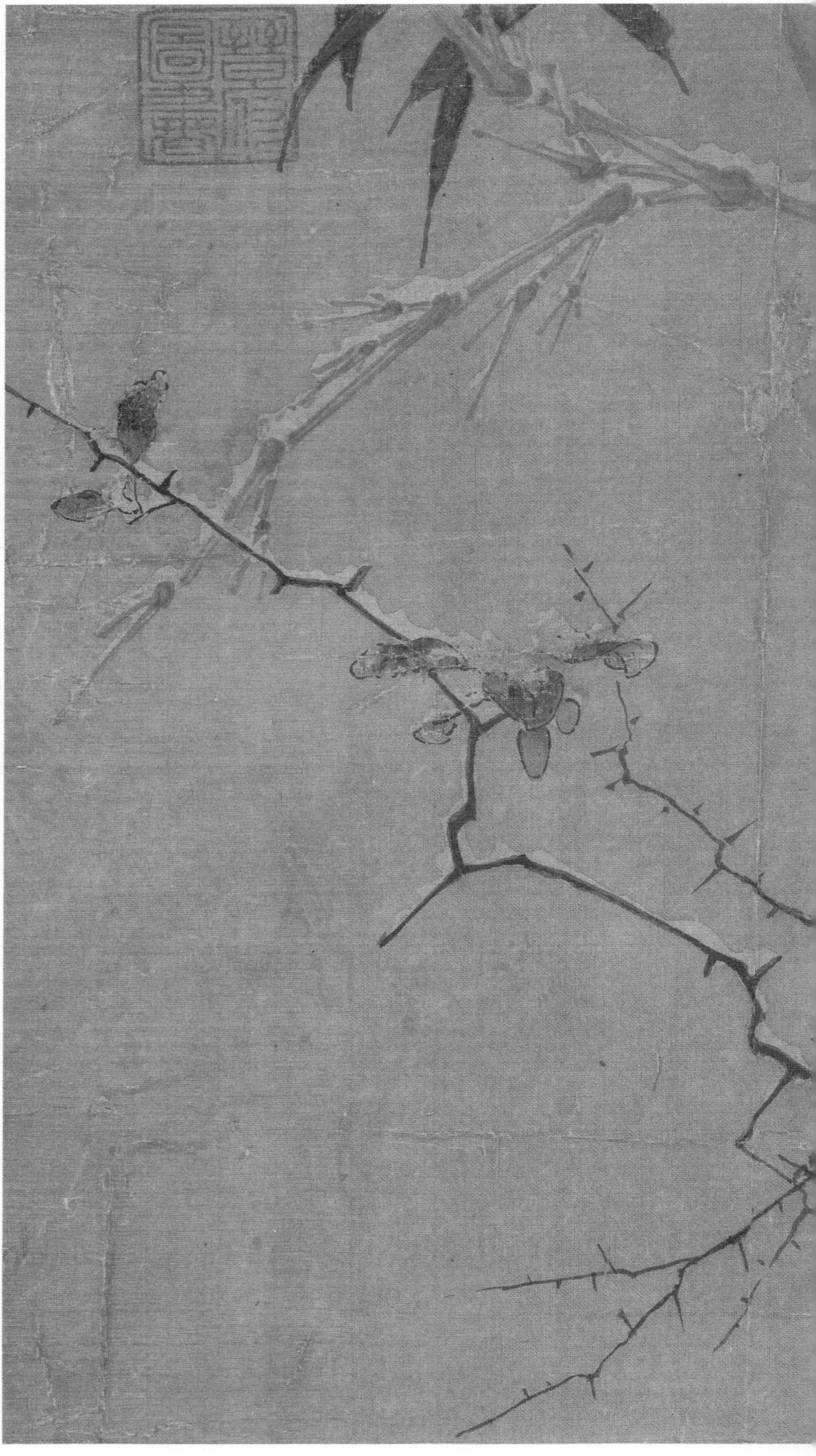

宋　马麟　暮雪寒禽图

迎建冬

迎冬是古代祭礼之一。古人以冬与五方之北、五色之黑相配，故于立冬日，天子率百官出北郊祭黑帝，迎接冬日到来。

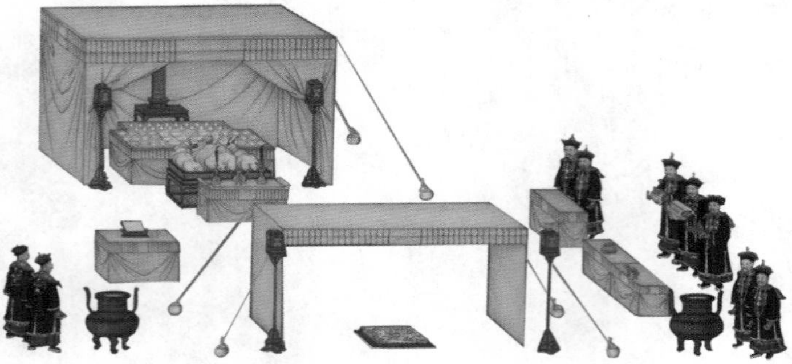

咏廿四气诗·立冬十月节

唐 元稹

霜降向人寒，轻冰渌水漫。

蟾将纤影出，雁带几行残。

田种收藏了，衣裘制造看。

野鸡投水日，化蜃不将难。

早冬

唐 白居易

十月江南天气好，可怜冬景似春华。

霜轻未杀萋萋草，日暖初干漠漠沙。

老柘叶黄如嫩树，寒樱枝白是狂花。

此时却羡闲人醉，五马无由入酒家。

立冬日作

宋 陆游

室小财容膝，墙低仅及肩。

方过授衣月，又遇始裘天。

寸积篝炉炭，铢称布被绵。

平生师陋巷，随处一欣然。

幽兴长

立冬之后，万物收藏。人们在这个节气里，不仅感受到了大自然的变化，也在心中寻找一份静谧，一份对未来的期许。

岁晚倚栏

宋 冯伯规

倏忽秋又尽，明朝恰立冬。
细倾碧潋滟，喜对白芙蓉。
问信迟宾雁，催寒有响蛩。
暝烟都不见，闻得望晚钟。

立冬后作

宋 唐庚

啖蔗入佳境，冬来幽兴长。
瘴乡得好语，昨夜有飞霜。
篱下重阳在，醅中小至香。
西邻蕉向熟，时致一梳黄。

十月朔日作是月十一日立冬·其一

宋 林希逸

静看历推移，天公巧孰知。
朔先旬日改，冬早小春迟。
袖手闲中老，欢颜乳下儿。
小窗残稿在，续纸旋抄诗。

十一月十八日作会限韵二首·其一

明 湛若水

立冬之后冬之先，病骨偏宜爱日天。
喜把新诗酬酒伴，从看好景到新年。
人苦几番忧大暵，谁将只手挽天泉。
诸公不作商霖雨，留滞周南秀句传。

次韵王适元日并示曹焕二首·其一（节选）

宋 苏辙

井底屠酥浸旧方，床头冬酿压琼浆。
旧来喜与门前客，终日同为酒后狂。

今年立冬后菊方盛开小饮

宋 陆游

胡床移就菊花畦，饮具酸寒手自携。
野实似丹仍似漆，村醪如蜜复如齑。
传芳那解烹羊脚，破戒犹惭擘蟹脐。
一醉又驱黄犊出，冬晴正要饱耕犁。

酿冬酒

立冬之日酿小米黄酒，是中原的传统风俗。从立冬到立春这段时间，气温降低、水体清冽，可有效地抑制杂菌繁殖，形成良好的风味，最适合酿制小米黄酒，因此称为『冬酿』。

立冬前二日

元 张翥

高秋日凄冷，且复闭门居。
蟹壮输芒后，醅香出榨初。
霜篱存晚菊，腊瓮作寒菹。
更好山翁唱，阳春恐不如。

每年家酿留一器以奉何元章今年持往者辄酸黄

宋 郑刚中

吾庐托穷巷，有酒无佳客。
年年家酿香，延首定攀忆。
分持远相遗，岂问杯杓窄。
所贵明月前，共此一尊色。

进食补

立冬进补是旧时习俗。在立冬节气有进补，或者腌制腊肉等储存冬货的习俗。如立冬喝羊肉汤据说是从汉代开始的。羊肉性温，被誉为冬季『进补第一肉』，是立冬进补的好选择。

腊肉

宋　王迈

霜蹄削玉熨馋涎，却退腥劳不敢前。
水饮一盂成软饱，邻翁当午息庖烟。

都门杂咏

清　杨静亭

煨羊肥嫩数京中，酱用清汤色煮红。
日午烧来焦且烂，喜无膻味腻喉咙。

西征范田遇雪三绝·其二

宋 陈淳

饱啖炊粱莱菔羹，皂台催促赶前程。

手携竹杖足穿革，缓拨琼花徒步行。

从宗伟乞冬笋山药

宋 范成大

竹坞拨沙犀顶锐，药畦粘土玉肌丰。

裹芽束縕能分似，政及莱芜甑釜空。

初冬绝句

宋 陆游

鲈肥菰脆调羹美，荞熟油新作饼香。

自古达人轻富贵，倒缘乡味忆回乡。

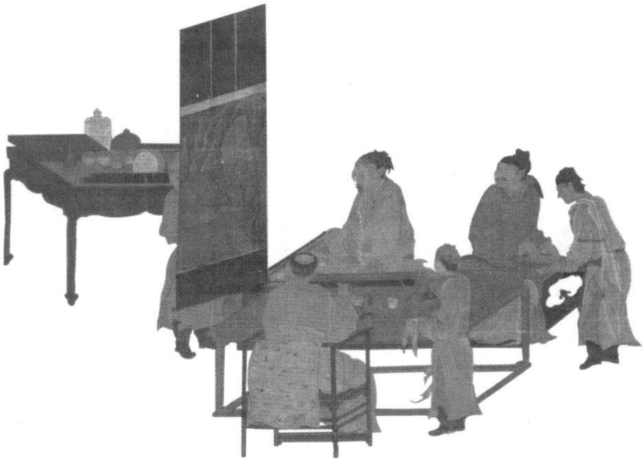

初候　虹藏不见。

二候　天气上升，地气下降。

三候　闭塞而成冬。

小雪

明　佚名　寒江渔家图

降瑞雪

天气渐寒，白雪纷飞，如同天女散花，给大地披上一层银装。这是天地间的一场盛宴，是冬日里的一曲赞歌。降瑞雪，不仅仅是自然现象，更是吉祥如意的象征，预示着来年的丰收与幸福。

瑞雪

宋 苏轼

天工呈瑞足人心，平地今闻一尺深。

此为丰年报消息，满田何止万黄金。

小雪次北客韵

宋 连文凤

丰年佳瑞此先知，莫恨无多莫恨迟。

若使纷纷犹未已，梅花冻杀又多时。

十月下旬骤寒小雪

宋 陆文圭

朔风翻屋浪喧豗，泼墨浓阴扫不开。

天下撒来云母粉，人间唤作豆秕灰。

细民共喜宜新麦，老子先须探早梅。

为怕玉容禁不得，数枝和注折将来。

喜晴天

小雪时节，万籁俱寂。而冬日暖阳，就如同一声呼唤，让世间万物重新活跃起来。晴光乍现，人的心情也随之开朗，忘却了阴霾的烦忧，只想好好享受这美好的晴天。

晏相公湖上泛舟赋

宋 韩维

小雪未成寒，平湖好放船。
水光宜落日，人意喜晴天。
云薄翠微外，禽归莽苍前。
上公宽礼数，清醉亦陶然。

虹藏不见

唐 徐敞

迎冬小雪至，应节晚虹藏。
玉气徒成象，星精不散光。
美人初比色，飞鸟罢呈祥。
石涧收晴影，天津失彩梁。
霏霏空暮雨，杳杳映残阳。
舒卷应时令，因知圣历长。

雪夜喜李郎中见访，兼酬所赠

唐　白居易

可怜今夜鹅毛雪，引得高情鹤氅人。
红蜡烛前明似昼，青毡帐里暖如春。
十分满醆黄金液，一尺中庭白玉尘。
对此欲留君便宿，诗情酒分合相亲。

雪夜友人过访

明　李时行

江天风雪夜，有客过林邱。
稍似孤山兴，浑如剡水游。
鸣琴开竹榻，命酌泛虚舟。
共坐寒梅下，泠然思转幽。

会良朋

『篱菊尽来』『塞鸿飞去』的季节更替之时，因农作物已收获，大部分的时光是比较清闲寂寥的，正是约上三五好友一起欢聚的好时机。而如果有愿意冒着风雪严寒来赴夜宴的，则可称得上是知己了。

泡温汤

小雪节气，寒意越来越浓，正适合『泡汤』，在温泉中放松自我，让疲劳得以消解，好不惬意。在唐代『温泉水滑洗凝脂』的华清池就一直是皇家的沐浴疗疾之地。

温汤对雪

唐 李隆基

北风吹同云，同云飞白雪。

白雪乍回散，同云何惨烈。

未见温泉冰，宁知火井灭。

表瑞良在兹，庶几可怡悦。

温汤客舍

唐 刘长卿

冬狩温泉岁欲阑，宫城佳气晚宜看。

汤熏仗里千旗暖，雪照山边万井寒。

君门献赋谁相达，客舍无钱辄自安。

且喜礼闱秦镜在，还将妍丑付春官。

石宫四咏·其四

唐 元结

石宫冬日暖，暖日宜温泉。

晨光静水雾，逸者犹安眠。

温泉宫礼见

唐 钱起

新丰佳气满，圣主在温泉。

云暖龙行处，山明日驭前。

顺风求至道，侧席问遗贤。

灵雪瑶墀降，晨霞彩仗悬。

沧溟不让水，疵贱也朝天。

初候　鹖鴠不鸣。

二候　虎始交。

三候　荔挺出。

大雪

枝横暮雪
香满寒
庭月上初
仿白石

清　鲍楷　寒庵香雪图

赏飞雪

大雪时节，北方有『千里冰封，万里雪飘』的风光，南国也有『未若柳絮因风起』的景致，最适宜赏雪吟诗。

和商守西楼雪霁

宋 邵雍

大雪初晴日半曛，高楼何惜上仍频。
数峰巇崒剑铓立，一水萦纡冰缕新。
昆岭移归都是玉，天河落后尽成银。
幽人自恨无佳句，景物从来不负人。

大雪赵振文寄诗言乘月泛舟清甚次韵·其三

宋 楼钥

雪光绝胜水银银，未觉仙家隔一尘。
真境宜君着佳句，赏心乐事更良辰。

自渔梁驿至衢州大雪有怀

宋　蔡襄

大雪迷空野，征人尚远行。
乾坤初一色，昼夜忽通明。
有物皆迁白，无尘顿觉清。
只看流水在，却喜乱山平。

十一月十三日雪

明　杨慎

飞雪正应大雪节，明年复是丰年期。
山城豺虎户且闭，水国鼋鼍舟懒移。
竹叶金樽惯贡酒，梅花玉树工摛诗。
拥炉炽炭坐深夜，笑看灯前儿女嬉。

负冬日

负冬日也就是晒背，也作『负暄』，是冬季的习俗之一。雪时节气候寒冷，冬日可爱，阳光充足的时候，晒晒后背有助于补益身体阳气。

负冬日

唐 白居易

杲杲冬日出，照我屋南隅。
负暄闭目坐，和气生肌肤。
初似饮醇醪，又如蛰者苏。
外融百骸畅，中适一念无。
旷然忘所在，心与虚空俱。

野老曝背

唐 李颀

百岁老翁不种田，惟知曝背乐残年。
有时扪虱独搔首，目送归鸿篱下眠。

冬日即事

宋 王炎

曝背茅檐下，驱寒得晓晴。
杜门来客少，开卷此心清。
晦迹存吾道，端居阅世情。
南山无改色，相对免将迎。

曝背

清 赵翼

晓怯霜威犯鬓皤，拟营暖室怕钱多。
墙根有日无风处，便是尧夫安乐窝。

拥炉坐

大雪时节，约三五知己，一起围炉而谈，饮酒煮茶，便是人间好时节。

卜算子·寒夜围炉

清 潘榕

矮屋瓦凝霜，深巷更敲月。
阵阵寒风阵阵吹，吹酿遥空雪。

齿冷语难温，心壮肠犹热。
围坐红泥小火炉，煮酒谈今夕。

雪寒围炉小集

宋 范成大

席帘纸阁护香浓，说有谈空爱烛红。
高飣膻根浇杏酪，旋融雪汁煮松风。
康年气象冬三白，浮世功名酒一中。
无事闭门渠易得，何人蹑屐响墙东。

拥炉

宋 程珌

已甘灰冷竹窗前，那意移来近绣氈。
唯有幽人一寒暑，闭门高卧雪深天。

冬夜官舍围炉传酒

宋 曾丰

放散衙曹小退安，闭门开架检书看。
檐前月色生寥寂，屋外风声长隙寒。
灰火拨愁头屡点，炉灯挑喜指频弹。
家人知我饮机动，大白梨花送夜阑。

读诗书

大雪封门，无法出游，那就拿起卷籍，与古人作一场思想交流。外头世界虽寒冷，心中却有诗书温暖如春。

霁雪

唐 戎昱

风卷寒云暮雪晴，江烟洗尽柳条轻。
檐前数片无人扫，又得书窗一夜明。

雪夜

宋 陆游

书卷纷纷杂药囊，拥衾时炷海南香。
衰迟自笑壮心在，喜听北风吹雪床。

四时读书乐·冬

宋 翁森

木落水尽千崖枯，迥然吾亦见真吾。
坐对韦编灯动壁，高歌夜半雪压庐。
地炉茶鼎烹活火，四壁图书中有我。
读书之乐何处寻，数点梅花天地心。

次韵和慎微雪夜饮归

宋 邹浩

篮舆还自斗边城，雪夜乾坤分外清。
我为捐书径眠去，寒光犹助一窗明。

初候　蚯蚓结。

二候　麋角解。

三候　水泉动。

冬至

清　髡残　山水四景之冬

小至

唐 杜甫

天时人事日相催，冬至阳生春又来。
刺绣五纹添弱线，吹葭六管动浮灰。
岸容待腊将舒柳，山意冲寒欲放梅。
云物不殊乡国异，教儿且覆掌中杯。

朔旦冬至摄职南郊，因书即事年代

唐 权德舆

大明南至庆天正，朔旦圆丘乐七成。
文轨尽同尧历象，斋祠忝备汉公卿。
星辰列位祥光满，金石交音晓奏清。
更有观台称贺处，黄云捧日瑞升平。

冬至

宋 王安石

都城开博路，佳节一阳生。
喜见儿童色，欢传市井声。
幽闲亦聚集，珍丽各携擎。
却忆他年事，关商闭不行。

长安冬至

明 董其昌

子月风光雪后看，新阳一缕动长安。
禁钟乍应云门面，宝树先驱黍谷寒。

一阳生

《易经》中有『冬至阳生』的说法。冬至阳气缓缓回升，白天慢慢变长，是阴阳转化的关键节气，所以古时冬至也喻意为新生命的开始。

兆丰雪

农谚云『冬至不见雪，九九如六月』，因此冬至当天下雪是好事，所谓瑞雪兆丰年，冬至不下雪，将影响庄稼的生长。

依韵奉和司徒侍中冬节筵间喜雪

宋　强至

初长日景午阴前，瑞雪迎开上相筵。
点缀酒杯飞细细，侵凌歌扇落绵绵。
岁功豫作三登地，云气都成一色天。
惊破醉魂诗句险，不容吏部瓮根眠。

蓦山溪·采石值雪

宋　李之仪

蛾眉亭上，今日交冬至。
已报一阳生，更佳雪、因时呈瑞。
匀飞密舞，都是散天花，山不见，水如山，浑在冰壶里。

平生选胜，到此非容易。
弄月与燃犀，漫劳神、徒能惊世。
争如此际，天意巧相符，须痛饮，庆难逢，莫诉厌厌醉。

饮烧酒

冬至是古代的重要节日，人们会通过举办祭祀活动来纪念和庆祝，同时也会在冬至这一天招待来访的亲友，邀请他们一起喝酒，庆祝节日并增强体内的阳气。

问刘十九

唐 白居易

绿蚁新醅酒，红泥小火炉。
晚来天欲雪，能饮一杯无。

用过韵，冬至与诸生饮酒

宋 苏轼

小酒生黎法，乾糟瓦盎中。
芳辛知有毒，滴沥取无穷。
冻醴寒初泫，春醅暖更饛。
华夷两樽合，醉笑一欢同。

冬至夜饮

宋 孔武仲

翠帟排银烛，金炉飘篆香。
人情感佳节，天气踏新阳。
醉怯醇醪酒，寒知碧瓦霜。
明朝指天阙，万寿献君王。

吃馄饨

在老北京，民间有『冬至馄饨夏至面』的说法。因为馄饨形如鸡蛋，很像天地浑沌的情景，而冬至一阳初生，吃馄饨有告别浑沌的用意。

对食戏作

宋 陆游

春前腊后物华催，时伴儿曹把酒杯。
蒸饼犹能十字裂，馄饨那得五般来。

荠馄饨

宋 洪咨夔

嫩斸苔边绿，甘包雪裹春。
萧家汤是祖，束叟饼为邻。

次韵前人食素馄饨

宋 陈著

庖手馄饨匪一朝，馔素多品此为高。
薄施豆腻佐皮软，省著椒香防乳消。
汤饼粗堪相伯仲，肉包那敢奏功劳。
还方谨勿传方去，要使安贫无妄饕。

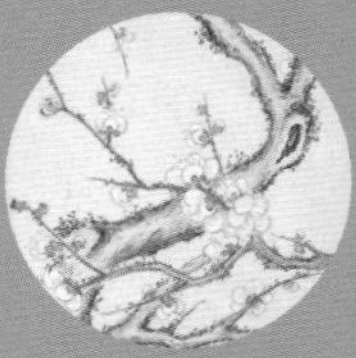

初候　雁北乡。

二候　鹊始巢。

三候　雉雊。

小寒

宋　佚名　腊梅寒禽图

探梅讯

探梅是小寒的习俗之一。古人的将携着花开音讯的风，称作花信风。第一股花信风，便是从小寒开始。梅花自小寒时初绽，小巧而不起眼，却散发着幽香，如果有瑞雪相衬，美景更甚。

探梅

宋 曾几

幅巾芒鞋筇竹策，踏遍山南与山北。
雪含欲下不下意，梅带将开未开色。
绕树三匝且复去，前村一枝应可摘。
丁宁说似水边人，从今日报花消息。

寒夜

宋 杜耒

寒夜客来茶当酒，竹炉汤沸火初红。
寻常一样窗前月，才有梅花便不同。

宫词

宋 赵佶

琳庭节物乐无涯，又是馀寒易岁华。
昨夜雪晴天气好，后园初进腊梅花。

腊梅

宋 洪适

篱菊初残后，疏香忽傲霜。
一枝冲腊绽，紫瑰列金房。

塑雪人

堆雪狮是古人趣味生活的仪式感，从清代开始，民间除了堆塑雪狮，还开始堆雪佛像，至于堆雪人，则是从清代中后期才开始出现。

宫词

宋 胡仲弓

瑶花飞处忆瑶姬，一日倾杯十二时。
青玉案前呵冻手，推窗自塑雪狮儿。

和雪狮儿

宋 赵希逢

雪狮塑出对琼卮，玉笋纤纤露手儿。
掩口樽前还笑我，指头皴破作霜皮。

雪十首·其一

宋 杨公远

喧呼童稚塑狮儿，仿佛形模便有威。
枯炭点睛铃用橘，酒杯叠叠印毛衣。

宫词

明 朱权

一夜瑶花满禁阶，晓来旭日映西斋。
宫人团雪作狮子，笑把冰簪当玉钗。

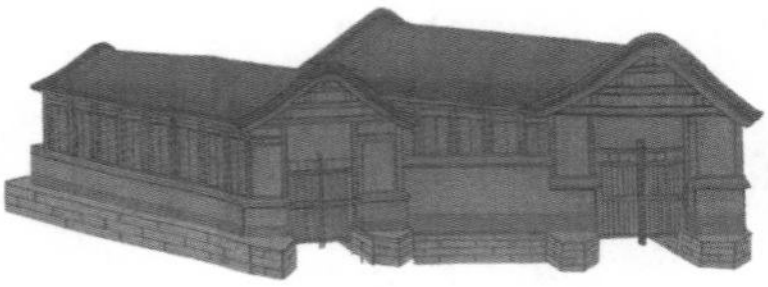

作冰戏

冰戏亦称『冰嬉』，我国北方一项传统体育活动。早在宋代之时，皇帝就喜欢在后苑里『观花，作冰嬉』。元明初见规模，至清代大盛，被乾隆定为『国俗』，并形成每年阅视冰嬉的制度，成为宫廷和民间广泛喜爱的冰上运动。

稚子弄冰

宋 杨万里

稚子金盆脱晓冰，彩丝穿取当银钲。
敲成玉磬穿林响，忽作玻璃碎地声。

太液池观演冰戏

清 王昙

五百拣花人，三千扫雪兵。
身无夺标勇，宫有水晶明。
但得腾身法，何须蹴足平。
广寒梯路滑，踏破铁鞋行。

腊八粥

小寒习俗中，喝腊八粥是其中一项重要内容。腊八粥以小米、豇豆、小豆、绿豆、小枣以及粘黄米、大米、江米等煮成，喝腊八粥也象征着小寒节气即将过去，进入大寒节气。

送腊八粥与仙都督

清 刘大观

廿年游迹怆离群，戍角城钟复共闻。
异地雪天吹黍米，故乡风味赠将军。
矶寒渔父愁抛网，指冻山樵怯举斤。
小阁围炉一下箸，知公澹泊亦欣欣。

腊八粥

清 王季珠

开锅便喜百蔬香，差糁清盐不费糖。
团坐朝阳同一啜，大家存有热心肠。

初候　鸡乳。

二候　征鸟厉疾。

三候　水泽腹坚。

大寒

元　朱迁　雪溪行旅图

祭灶神

祭灶又称祀灶、送灶，是我国民间祭祀灶神的风俗。汉代祀灶日定在夏初，到了晋代才定于腊月二十四日，后来基本上在腊月二十三或二十四，即小年这天，人们都会扫净灰尘、祭祀贡品，祈求灶神保佑。

祭灶与邻曲散福

宋 陆游

已幸悬车示子孙，正须祭灶请比邻。
岁时风俗相传久，宾主欢娱一笑新。
雪鬓坐深知敬老，瓦盆酌满不羞贫。
问君此夕茅檐底，何似原头乐社神？

祭灶词

宋 范成大

古傅腊月二十四，灶君朝天欲言事。
云车风马小留连，家有杯盘丰典祀。
猪头烂热双鱼鲜，豆沙甘松粉饵团。
男儿酌献女儿避，酹酒烧钱灶君喜。
婢子斗争君莫闻，猫犬角秽君莫嗔；
送君醉饱登天门，杓长杓短勿复云，
乞取利市归来分。

糊窗花

糊窗是大寒习俗之一，旧时窗户都是纸糊的，到了腊月二十五，人们通常会用新纸裱糊窗户，所以有『糊窗户，换吉祥』的说法。为了美观，有的人家会剪一些吉祥图案贴在窗户上，又称『贴窗花』，现代仍有『贴窗花』『剪窗花』的习俗，喜庆又美观。

剪彩

唐　李远

剪彩赠相亲，银钗缀凤真。
双双衔绶鸟，两两度桥人。
叶逐金刀出，花随玉指新。
愿君千万岁，无岁不逢春。

今冬

宋　王禹偁

休思官职落青云，且算今冬养病身。
白纸糊窗堪听雪，红炉着火别藏春。
旋篘官酝漂浮蚁，时取溪鱼削白鳞。
况是丰年公事少，为郎为郡似闲人。

临江仙·糊窗

清　鲍之芬

故纸窗棂风雨破。几日嫌寒，不敢临窗坐。
数幅云笺功力大，糊来顿使寒威挫。

从此书灯添夜课。爱惜灯花，不怕风吹堕。
三五银盘虽隔个，相扶梅影分明过。

逛花市

广州除夕花市是是广东省省级非物质文化遗产之一。其习俗形成于19世纪60年代。每至岁暮，人们成群结队到迎春花市游览，称为『行花街』。花市与广州人的生活密切相关，还融合了广州人『讲意头』的传统，形成自己独特的花卉语言。

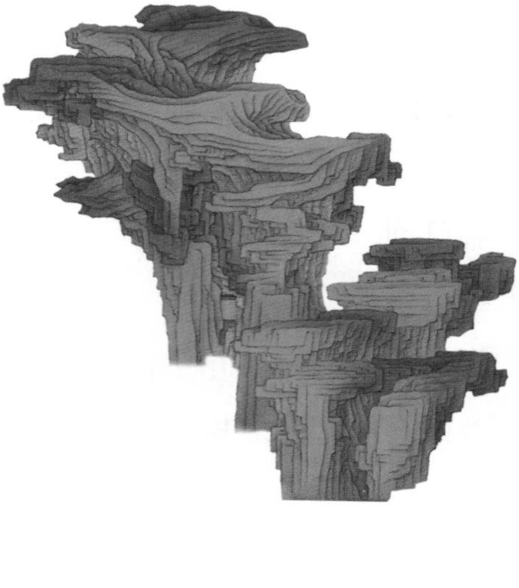

羊城竹枝词

清 冯向华

羊城世界本花花，更买鲜花度岁华。
除夕案头齐供养，香风吹暖到人家。

游花市

当代 郭沫若

金桔满街春满市，牡丹含艳桂含香。
游人购得花成束，迎得春风入草堂。

和郭沫若《春节游广州花市》

当代 朱德

百花齐放遍城乡，灿烂花光红满堂。
更有心花开得好，一年转变万年香。

春节看花市

当代 林伯渠

迈街相约看花市，却倚骑楼似画廊。
束立盆栽成列队，草株木本斗芬芳。
通宵灯火人如织，一派歌声喜欲狂。
正是今年风景美，千红万紫报春光。

守岁欢

除夕守岁是一项流传久远的习俗，在西晋《风土记》就有明确记载。除夕夜人们常吃年夜饭，穿红衣、点红灯、贴红纸、放烟花炮竹，焚香祈祷，彻夜不眠。人们通过守岁的表达对旧岁的辞别与对新年的守望。

共内人夜坐守岁

南朝梁　徐君倩

欢多情未及，赏至莫停杯。
酒中喜桃子，粽里觅杨梅。
帘开风入帐，烛尽炭成灰。
勿疑鬓钗重，为待晓光催。

守岁

唐　李世民

暮景斜芳殿，年华丽绮宫。
寒辞去冬雪，暖带入春风。
阶馥舒梅素，盘花卷烛红。
其欢新故岁，迎送一宵中。

诏赋得除夜

唐　史青

今岁今宵尽，明年明日催。
寒随一夜去，春逐五更来。
气色空中改，容颜暗里回。
风光人不觉，已著后园梅。

除夜雪

宋　陆游

北风吹雪四更初，嘉瑞天教及岁除。
半盏屠苏犹未举，灯前小草写桃符。

集字絮语

诗书画印，自古不分家。本书既有诗词、古画，又怎能无书法、印文的点缀？因此在每个节气的分章隔页上，我们便加入了这两个元素，冀能助诗画之雅韵，传翰墨之风神。本书二十四节气的书法集字，出自二十四位古代书家的二十四种传世名帖。集字选帖而不选碑，是因为帖多书家自书或后世摹刻，更为直观而传神；字体以楷行草为主，而不及篆隶，是因为前三种书体更易识别和传播；所集之字均出自某一帖，而不多帖相杂，是因为作书者在一帖中的书写更为连贯，有一气呵成之感。

立春	明	文徵明	行书自作诗卷
雨水	唐	欧阳询	行书千字文
惊蛰	宋	蔡　襄	自书诗
春分	唐	张　旭	草书古诗四帖
清明	宋	张即之	汪氏报本庵记
谷雨	明	唐　寅	七言律诗轴
立夏	明	王　铎	临圣教序
小满	宋	张即之	双松图歌
芒种	明	吴　宽	记园中草木诗
夏至	元	杨维桢	竹西志
小暑	宋	米　芾	蜀素帖全卷
大暑	宋	蔡　京	节夫帖

立秋	唐　陆柬之　文赋卷
处暑	明末清初　朱　耷　行楷千字文
白露	元　赵孟頫　前后赤壁赋
秋分	宋　赵　佶　草书千字文
寒露	明末清初　傅　山　草书千字文
霜降	晋　王羲之　奉橘帖
立冬	隋　智　永　真草千字文
小雪	明　董其昌　（赵佶）《雪江归棹图》题跋
大雪	宋　蔡　卞　雪意帖
冬至	元　倪　瓒　致茂实书札一通
小寒	宋　苏　轼　黄州寒食帖
大寒	宋　黄庭坚　雪寒帖